博物学家的传世珍宝

来自伦敦自然博物馆的自然藏品集

伦敦自然博物馆 编著
常箴 王梅 丁巧玲 等译

化学工业出版社
·北京·

序

关于自然博物馆

刘华杰

伦敦城西偏南一点，有一座优美建筑伦敦自然博物馆（Natural History Museum, London），虽为哥特式却并不夸张。它正好处在著名的海德公园之南。2010年我到伦敦，住在帕丁顿地铁站附近。从住处南行一百米就是海德公园，在那里随便逛逛、看看鸟，再向南步行到这座自然博物馆看展览，然后换条路向北穿越海德公园返回，一整天下来也不会觉得累。

如何面对一个西方词汇 history？

自然博物馆的出现与演化与博物学（natural history）有直接联系。时下，经常有人将自然博物馆译成自然历史博物馆或自然史博物馆，其实是不正确的。这件小事，我已经在不同场合说过许多次了。

在自然探索、博物领域，history（对应的拉丁词是*historia*）经常不是“历史”的意思，而是描写、记录、展示、探究、研究的意思。于是，natural history museum这一词组字面意思是

“自然探究博物馆”，简称“自然博物馆”，此名称跟自然的“历史”压根没关系。年纪大一些的业内人士对此是非常清楚的，可以去看北京自然博物馆和上海自然博物馆对应的英文名。也有人不服气，争辩说这类博物馆确实与大自然的演化有关系，即与自然的历史有关，居维叶和欧文的化石研究、赖尔的地层研究、达尔文的演化论不是恰好讨论大自然的演化吗？博物学不是也密切联系着大自然的演化吗？展出的鸟化石、鱼化石、矿物晶体不正好涉及物种演化吗？没错，它们确实与地球的演化、生命的演化有重要关系，即与历史有关。但为什么不能译作历史（相当地不能把natural history译成自然史）呢？因为history这个词有许多义项，在与博物相关的许多情形中，它应当取探究、志、描述之义，而不是历史之义。这没有任何难理解之处，就像英文词coach有许多义项一样，要在上下文中弄清它取四轮大马车、公共汽车、私人教师、教练员等含义中的哪一个，不能见了就喊教练。对于有上千年之久的古老词组natural history，要尊重它的辞源，即使这个词组的外延后来有拓展。用后来的扩增意思解释原有词组的意思，是对历史不尊重的表现，也不合理。就像不能讲“先秦佛教”（田松博士为了调侃而故意编造出来的一具词组）一般，因为佛教是外来文化，先秦时中土并无佛教。

布丰之前的西方博物学不大关注时间演化问题，而是关心记录、描述，而且很早就形成了一个传统，一直传到现在，意思也没大的变化。这可以从亚里士多德的《动物志》、其大弟子的《植物研究》、老普林尼的《博物志》以及格斯纳的《动物志》直接看出来。读者可以翻翻看，他们这些伟大作品确实根本不讨论历史演化问题，时下它们在一些作品中被译成《动物史》《植物史》《自然史》等，十分不合适。美国自然博物馆出版的*Natural Histoires*一书被译成《自然的历史》，显然是错误的。拜恩编的这本书根本没讲历史，讲的是美国自然博物馆的一些馆藏珍稀博物类图书及其对大自然的描写、绘画。稍加思考就能避免将复数的histories误译成历史。实际上原书名的意思是博物学家对大自然的艺术展示，其中histories取的仍然是古义：记录、描写、绘画、探究。

自然博物馆及其藏品

伦敦自然博物馆是世界上最好的自然博物馆之一，有巨量的成体系的收藏：7000万件藏品、100万本图书和50万件艺术品。我当时对贝壳正着迷，参观时希望多看些奇特的贝壳，结果却颇失望，只在不起眼的角落里找到几盒，数量不过几百种，大多见过。当然，馆藏绝对不是这个样子，恰好是因这馆藏太丰富，一时间不可能让各类藏品都抛头露面，所以每类只拿出一点点，而且未必是最好的。真想看库房存贮的更丰富的贝类标本，需要提前申请，业余爱好者的一般申请通常不容易被接受，因为这类馆藏通常是供专业博物学家研究使用的。其中有些是分类好的，也有一些根本来不及分类。鱼类、鸟类、蝴蝶等藏品也一样，绝大部分百姓没有机会一睹芳容。《纳博科夫的蝴蝶》一书中有一部分就是讲述各国蝴蝶专家如何到伦敦自然博物馆看标本、做最有挑战性研究工作的。

伦敦自然博物馆展厅中最占空间、在我看来意义也不很大的是恐龙骨架，世界各地同类博物馆恐怕也差不多。这里有个矛盾，专业博物馆为了生存也不得不取悦于大众和某些委员会，一定意义上把博物馆变成了“游乐场”。近些年在国内各级各类自然博物馆（包括一些保护区的小型博物馆）也参观过一些，给我的突出印象是，它们非常在乎外在宣传、教育，比较忽视系统性收藏和对藏品的专业研究。声光电武装起来的宣传板占了展厅的绝大部分空间，涉及藏品实质内容的却不多。人们到这里来固然可以看3D或4D电影、读教科书式的大自然演化宣传板，但更重要的是看特色藏品本身。

本书只有两百多页，介绍了伦敦自然博物馆的图书、植物、动物、古生物、矿物等各类藏品两百多件。这跟7000万件相比，简直是九牛一毛。不过，它们都是精选出来的，也有一定的代表性。即使亲自到伦敦自然博物馆，一次两次也未必都能遍历这上面列出的项目，因为它们不可能时时都在展出。也就是说，此书对于一般性了解伦敦自然博物馆，还是非常必要的。联系到国内，故宫博物院、北京自然博物馆、上海自然博物馆、中国地质博物馆、长春地质宫、吉林长白山自然博物馆、山东平邑天宇自然博物馆等也应当出版介绍自然藏品的图书。参观博物馆之前和之后，读读这类书，能使参观更完整，收获更大。此外，国内自然博物馆目前还不太重视相关艺术品的收藏，在这一点上真应当向英国皇家植物园邱园、伦敦自然博物馆、美国自然博物馆学习。

伦敦自然博物馆的另一部很有趣的书《自然图像：中国艺术与里夫斯收藏》（*Images of Nature: Chinese Art and the Reeves Collection*），与本书性质相似，只是题材更聚焦。当年我的学生李猛从英国回来送了我一部，我也曾推荐译出此书。而当一家出版社购买版权时得知，早已有国内的其他出版社先期购买了中译本版权。不过，多年过去了，还未见译本的踪影。

自然艺术品

随着博物学在中华大地上逐渐复兴，各类户外观察、记录、旅行蓬勃开展，以图书的形式对历史上有趣的博物考察、博物馆自然藏品进行展示也变得时尚。比较典型的如早期的《发现之旅》，最近的《探险家的传奇植物标本薄》，它们都取得了不错的销售业绩。这在以前是不可想象的，普通读者怎么会对这类东西感兴趣?

这类图书围绕大自然的精致与美展开，或者直接展示自然物，或者展示植物画、动物画等。它们在当下中国的面世确实代表着一部分国人对大自然的重新发现。原因包含许多方面，如工业化迅猛推进带来对大自然的疏远与破坏达到一定程度，从而令人们回想起美好的大自然，也包括文化水平的提高带来的审美情趣和审美对象的扩展。这些因素并非独立存在，而是相互交叉的。其实，欣赏自然物、收藏自然物，在中国可是有传统的，久远得很、也普遍得很，虽然与西方的做法不大一样。对自然物的绘画、雕刻、拍摄等可以成就艺术品，此外自然物直接就可以是艺术品。前者是人造艺术品，后者是天成艺术品，即上帝的作品。但长期以来，特别是在西方，突出的是人的创作，人们不讨论自然物作为艺术品的问题，隐喻地讨论不算。但是，最近十几年以自然美为核心问题的环境美学兴起，特别是卡尔松提出了“自然全美”有趣命题，导致审美和艺术理论发生了质的变化。这一现象背后更大的背景是，人类重新确认自己从属于大自然，以及某种意义上的非人类中心论浮出水面。当然，石头、动植物标本并未与莫奈的《草地上的午餐》、萨符拉索夫的《白嘴鸟飞来了》、高更的《万福马丽亚》等作品同等性质以及与之市场价格相当。

自然物可以作为艺术品。一旦跨出这一步，就不好再用传统的以作品为中心的观念来评论一切。更准确地说，艺术品的价格主要由审美过程来判定。作品“本身”已经隐去或者只作为审美的一个环节、一个部分出现。推到极致，就没有作品“本身”这回事，不被欣赏的作品根本上就不是作品，审美决定了作品及其价格。这种视角也有一个好处，藉此可以看清艺术品领域谁更在乎艺术，谁更在乎交易或潜在交易的价格。

自然之美无处不在，但严格讲并非都能当作艺术品，更不都能搬到建筑物内展示。多数要在原地展示，新的博物馆、博物学理念也都鼓励原地展示，而非租借给别人，满世界转悠。将艺术品与原产地的地理、文化背景剥离（比如罗马的石雕、中国的佛头），异地单独存放和展出，是西方人发明的，虽然早已扩展到了世界各地，但终究难逃指责。

保护大自然的杰作，最好在地保护。欣赏大自然，最好到当地欣赏。

2017年9月15日

于北京大学人文学苑2号楼234室

刘华杰，北京大学哲学系教授，当下复兴博物学文化的重要推动者。与博物相关的主要作品有《看得见的风景》《博物人生》《天涯芳草》《檀岛花事》《博物自在》《从博物的观点看》《崇礼野花》《青山草木》等。

目录

简介

伦敦自然博物馆是世界上较大、较重要的自然博物馆之一，收有7000多万件藏品、100多万本书籍和50万件艺术品。本书内容既涉及世界闻名的藏品，也包含了鲜为人知的奇珍异宝以及拥有200年历史的建筑瑰宝。这些珍品既有被展出过的，也有未曝光过的。它们入选有的是因其科学重要性，有的是因其美丽，有的则只是因为描绘了一个有趣的故事。通过与科学家、了解这些藏品的馆长以及一线员工的交谈，我们从自然世界的瑰宝中选出了这些经典代表作品。你会发现一只小蜗牛并不比此页上的一个文字更大，35亿年前的化石是地球上较早的生命迹象之一。本书是博物馆珍品集合，收录罕见、美丽和奇异之物。

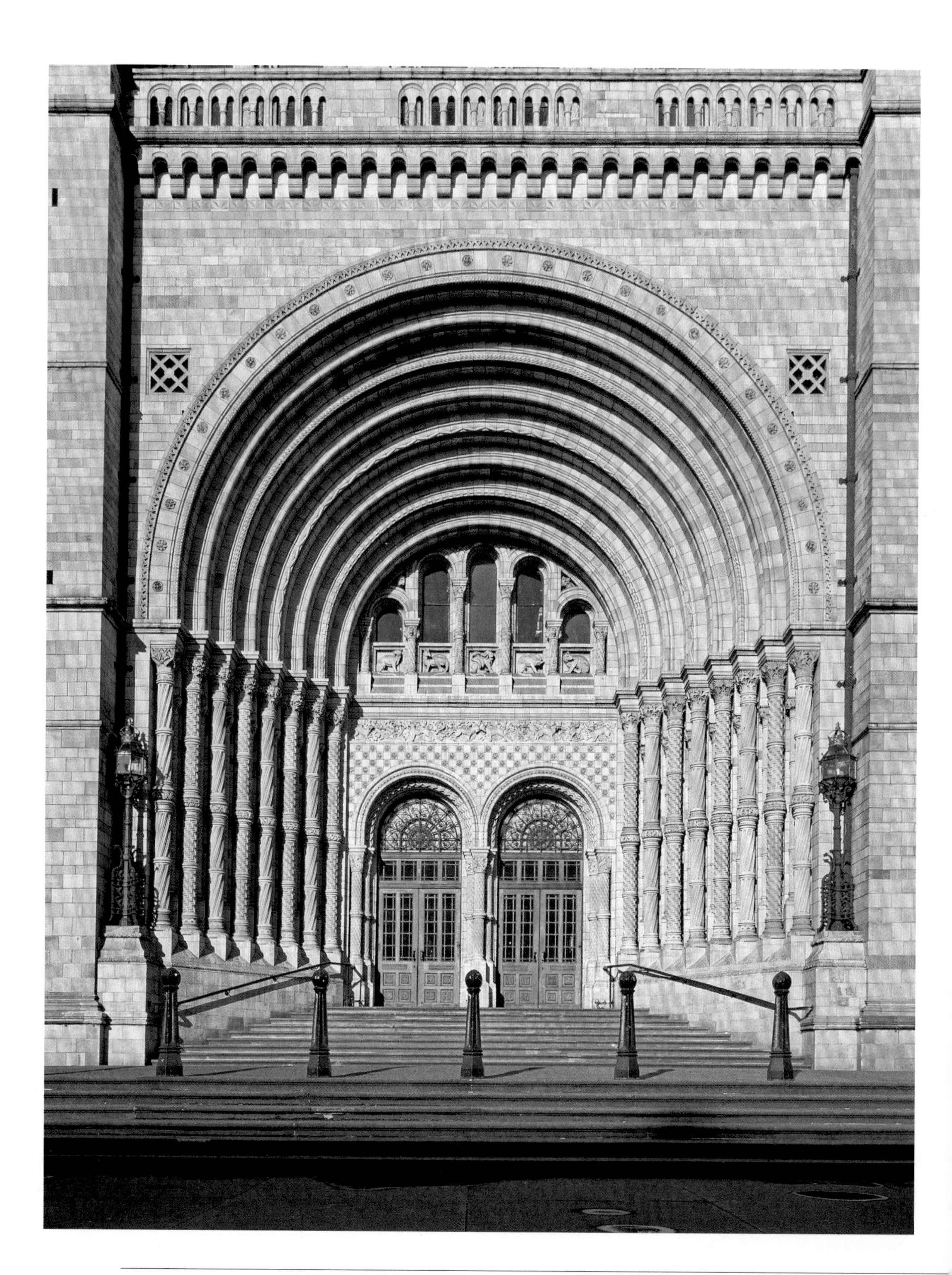

建筑

哥特式塔楼、宏伟的拱门和壮观的外观让许多人误以为这座博物馆是一座教堂。它是一座自然博物馆。用其首任馆长理查德·欧文（Richard Owen）的话来说，它是一座展示“上帝创造力的自然教堂”。

欧文为拯救大英博物馆里过度拥挤和逐渐被损坏的自然藏品竞选了25年，于1856年成为博物馆的主管。他梦想建立一个新的博物馆，在那里人人都可以在相对宏伟的环境中参观欣赏地球生命的多样性。尽管他最初的计划被认为是“愚蠢、疯狂和奢侈的”，议会还是在1863年批准了他购买南肯辛顿12亩土地的请求。

欧文与冉冉升起的新星——年轻建筑师阿尔弗雷德·沃特豪斯（Alfred Waterhouse）合作，创作了这件哥特式杰作。在德国罗马式建筑的启发下，设计师应用赤陶土和钢铁框架等现代技术，使博物馆逐渐成形。装饰品是各种生物和植物——猴子趴在高耸的拱门上，鸟儿栖息在柱子上，鱼儿游在墙上的海草中。博物馆于1881年复活节首次对外开放，吸引了超过1.75万名游客来访。

雕刻

这些精致漂亮的山羊（左下）和渡渡鸟（右下）是阿尔弗雷德·沃特豪斯的原作，沃特豪斯是世界闻名的自然博物馆的设计师。它们被制作成精美的动植物赤陶土作品，用于装饰建筑物里外的雕塑柱和拱门。博物馆1881年首次对外开放时，它的设计公之于众，好评如潮。自然博物馆是英国第一个有赤陶土墙面的建筑。这是一种廉价耐用的材料，深受工匠和设计师喜爱。因为它可以完全按照模具的形状成型，有利于艺术家的创造。沃特豪斯根据现实物品创作画作，然后将画作交给农民与布林德利公司（一家建筑装饰雕塑公司）制作出栩栩如生的赤陶土作品。这些赤陶土作品被分为两类：一类刻有现存物种，用来装饰建筑的西面；另一类刻有灭绝物种，用来装饰东面。

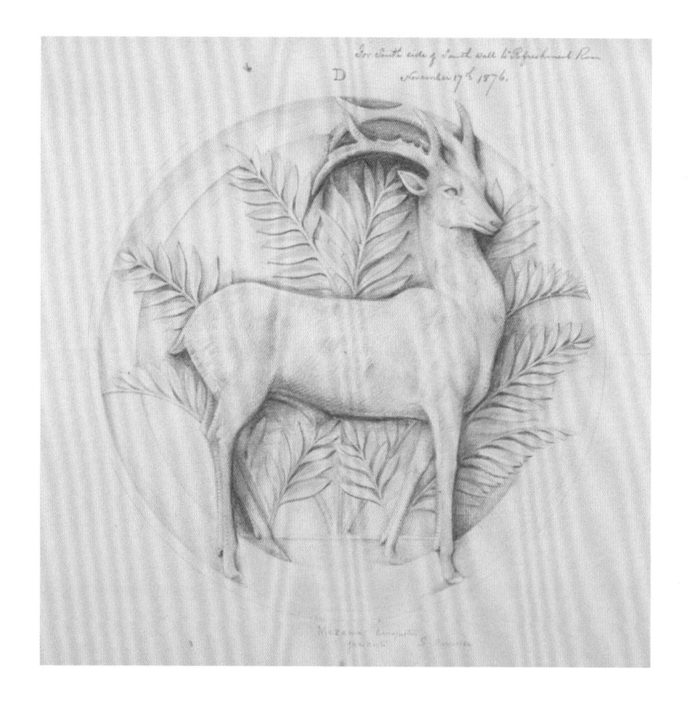

PANEL over doorway in South-east Gallery, first floor
DODO

彩绘天花板

自1881年对外开放起，博物馆的天花板就一直是由162块彩绘板拼合而成的，让游客仿佛置身于植物花园之中。每一块彩绘板上的植物都有故事：有的是建立或毁灭了一个帝国，有的是引起了人类的灾难，还有的是给人们带来了欢愉。

天花板描绘的植物有本地物种，也有从殖民地引进的物种。理查德•欧文和阿尔弗雷德・沃特豪斯为何会选择这些植物，并没有详细的记载。但是，我们知道它们是直接被画在天花板墙壁上的，艺术家们可能躺在脚手架上在头顶上方画下它们。每株植物都曲折蜿蜒，至少占据了6块画板，赋予了天花板万物生长、运动的活力。

随着时间的流逝，画作不可避免地有了褪色迹象，墙壁上也有了裂纹。1975年，天花板被密封保养一年，修复了丰富色彩和原始烫金，今天它依然保持着令人叹为观止的状态。

Thomas Wardle

A. Karpinsky

A. C. Haddon

W. Freudenberg

Henry H. Howe

H. N. Hutchinson

C. Tate Regan

H. G. Seeley

H. Credner

图书馆

PLINIVS ſecundus nouocomenſis equeſtribus militiis induſtrię functus: procu/
rationes quoq; ſplendidiſſimas atq; continuas ſumma integritate adminiſtrauit. Et
tamen liberalibus ſtudiis tantam operam dedit: ut non temere qs plura inotio ſcripſerit.
Itaq; bella omnia quę undiq; cum romanis geſta ſunt. xxxvii. uoluibus compręhendit. Itē
naturalis hiſtorię. xxxvii. libros abſoluit. Periit gadis campanię. Nam cum miſenēſi claſſi
pręeſſet & flagrante Veſeuo: ad explorandas propius cauſas liburnicas prętendiſſet: neq;
aduerſantibus uentis remeare poſſet: ui pulueris ac fauillę oppreſſus eſt: uel ut quidam
exiſtimant a ſeruo ſuo occiſus: quē deficiens ęſtu ut necem ſibi maturaret orauerat. hic in
his libris. xx. milia reꝝ dignaꝝ ex lectione uoluminū circiter duum milium cōplexus eſt.
Primus aūt liber quaſi index. xxxvi. libroꝝ ſequentium conſumationem totius operis &
ſpecies continet tituloꝝ.

LIBROS NATVRALIS HISTORIAE
nouitiū camenis qritiū tuoꝝ opus natū apud me
proxima fętura licentiore epiſtola narrare cōſtitui
tibi iocūdiſſime imperator. Sit enim hęc tui prę
fatio ueriſſima: dum maxime conſeneſcit i patre.
Namq; tu ſolebas putare eſſe aliqd meas nugas:
ut obiicere moliar Catullum conterraneū meum
agnoſcis & hoc caſtrēſe uerbum: ille enim ut ſcis
pmutatis prioribus ſyllabis duriuſculum ſe fecit
q̄ uolebat exiſtimari a uernaculis tuis & famulis.
Simul ut hac mea petulantia fiat q proxime non
fieri queſtuſes in alia procaci epiſtola noſtra ut in
quędam acta exeant. Sciantq; omnes q̄m exęquo
tecum uiuat iperium triūmphalis & cenſorius tu
ſexieſq; cōſul ac tribunitię poteſtatis particeps: et
q iis nobilius feciſti: dū illud patri pariter & eques
tri ordini prętas pręfectus prętorii eius omniaq;
hęc rei publicę: et nobis quidē qualis incaſtrēſi contubernio. Nec qcq̄ mutauit ite fortunę
amplitudo in his: niſi ut prodeſſe tantundē poſſes ut uelles. Itaq; cū cęteris iueneratione
tui pateant omnia illa: nobis adcolēdum te familiarius audatia ſola ſupeſt. Hanc igit̄ tibi
imputabis: et in noſtra culpa tibi ignoſces. Perfricui faciē: nec tamē profeci quoniam alia
uia occurris: igens & longius etiam ſummoues igētibus faſcibus fulgorat in nullo unq̄
uerius dicta uis eloquētię tribunitię poteſtatis facundię: q̄to tu ore patris laudes tonas:
q̄to fratris amas: q̄tus ipoetica es. O magna fęcunditas animi quēadmodum frēm quoq;
imitareris excogitaſti: ſed hęc quis poſſet itrepidus extimare ſubiturus igenii tui iuditiū
pręſertim laceſſitum. Neq; eīm ſimilis ē conditio publicantium & noiatim tibi dicantiū.
Tum poſſem dicere qd iſta legis iperator humili uulgo ſcripta ſunt agricolaꝝ opificum
turbę deniq; ſtudioꝝ ociofis quid te iudicē facis: quia hanc operam cum dicerē nō eras in
hoc albo: maiorem te ſciebam quam ut deſcenſurum huc putarem. Pręterea eſt quędam
publica etiam eruditoꝝ reiectio: utitur illa: et M. Tullius extra oēm ingēs italiam poſitus
etq miremur per aduocatum defendit̄ nec doctiſſimum ōnium Perſium hoc legere uolo
Lelium Congium uolo. Q; ſi hoc Lucilius qui primus condidit ſtili naſum legerit quaſi
abuſionem & uituperationē reputabit: primus enim ſatyricum carmen conſcripſit i quo
utiq; uituperatio uniuſcuiuſq; continet̄. Naſum autē dixit quaſi uituperationis ſignū uel
maxime naſo declarandum dicendumq; ē: ſi aduocatum ſibi putauit Cicero mutuandum
pręſertim cum de re publica ſcriberet quanto nos cautius ab aliquo iudice defendimur.

IVSTICIA IVDITM P PARATIO SEDIS TVE

最古老的书

《博物志》（*Naturalis Historia*）是博物馆收藏的最古老的书籍。作者是古罗马自然哲学家老普林尼（Pliny the Elder）。虽然老普林尼于公元69年完成了此书的编录，但是这本首印版1469年才在威尼斯印刷。那时，印刷机问世还不到30年。《博物志》是第一本涵盖所有博物学领域的出版物，它包括动物学、植物学、地理学、人体生理学、冶金和矿物学。它包含了大量早期著作的摘要节选。首次编录时，它就是博物学信息的可靠资料库。这种状况一直持续到大约1300年后的文艺复兴时期。本书题材广泛，成为日后百科全书的范例。

《博物志》作为对过去的文化习俗和信仰的宝贵记录，本身已是一件艺术品。本版355页拉丁字母都被装饰成了金色的叶子或美丽的图画，为本已宝贵的作品锦上添花。

普拉肯内特藏品

这1700只昆虫标本是博物馆内最古老的藏品，其特别之处在于它们被小心地压平、粘到书上，就像美丽的压花。1690年左右，植物学家莱纳德·普拉肯内特（Leonard Plukenet）把它们裱在了书上。当时著名的收藏家汉斯·斯隆（Hans Sloane）对此书很感兴趣并买下了它。斯隆去世后，自然博物馆的前身——大英博物馆收藏了他的大部分藏品，因此，这本书今天成为自然博物馆的藏品。

人们看到这样的珍品时，总会觉得它的收集者一定是妇孺皆知的名人。事实上，有关普拉肯内特的资料非常少。我们只知道，他和斯隆是同代人，在伦敦市中心威斯敏斯特有一个小植物园。他希望他的植物园有一天能容纳世上所有的植物。他去世时，植物园里已经种了8000株植物。普拉肯内特也是汉普顿法院皇家园林的管理者。

玛丽亚·西比拉·梅里安在苏里南

艺术家、博物学家玛丽亚·西比拉·梅里安（Maria Sibylla Merian）的作品——《苏里南昆虫变态图谱》（*Metamorphosis Insectorum Surinamensium*）中充满活力的绘画，展示了她不同于当时女性的超前之处。1705年，此书首次出版，60张半米高的纸上画着南美的蝴蝶、植物和其他野生动物，震惊了欧洲。

此书展现了梅里安对昆虫变态的痴迷以及她为当时仍属神秘学科所付出的努力。52岁时，梅里安离开了家乡阿姆斯特丹，之后在南美待了两年。这对她产生了重要的影响。她成为一名加尔文教徒，加尔文教派是支持妇女平等和受教育的新教分支。这让她开始主导自己的生活。出于加尔文教徒的使命感，梅里安与丈夫离婚后带着女儿一起旅行，来到南美北部靠近委内瑞拉的苏里南地区。她以使命感为准则，观察了当地的野生动物和这个小国的文化。

被奴役的非洲人和土著有时会帮助她，比如让她成为第一个记录金凤花（*Caesalpinia pulcherrima*）的欧洲人。被奴役的妇女会用这种植物某些部分进行人工流产。

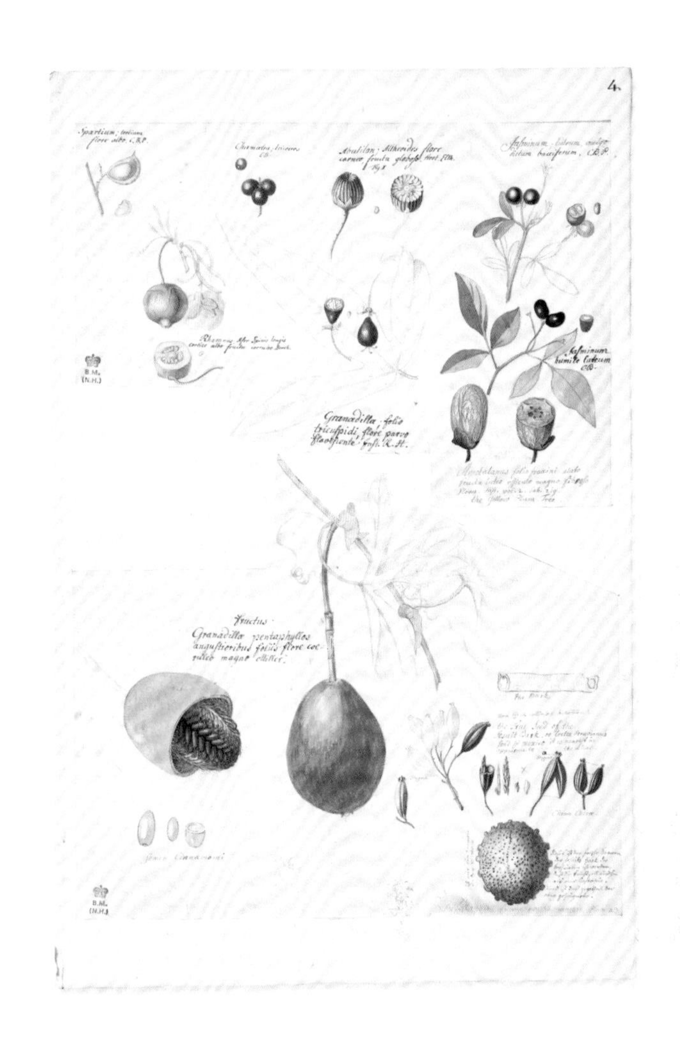

鹦喙花

这幅美丽的鹦喙花（*Clianthus Puniceus*）水彩绘制于著名的奋进号航行（1768—1771）途中。作者是年轻有为的艺术家悉尼·帕金森（Sydney Parkinson），他被约瑟夫·班克斯爵士（Sir Joseph Banks，一位伟大的科学发现活动资助者）任命为随行博物艺术家。在摄影技术还没有被发明的时代，正是这些绘画展现了西方人的审美。奋进号从英国起航，由英国探险家、航海家詹姆斯·库克船长（Captain James Cook）率领，还在塔希提记录下了金星穿越太阳表面的现象。在最后一刻，班克斯一行人（包括科学家、艺术家、随从和两条狗）意识到另一个秘密任务：调查有关未知的南方大陆的传言。他们航行了3年，其间他们确认了新西兰没有加入澳大利亚并且绘制了整个澳大利亚东海岸的地图。这对帕金森来说是很艰苦的工作。不幸的是，他没能回到故乡，在返航途中死于痢疾和高热，年仅26岁。

乔治·埃雷特

这件作品展示了18世纪最伟大、最多产植物艺术家的强大洞察力。乔治·埃雷特（Georg Ehret）的水彩画无疑是了不起的，素描草图更展现了他的画家素质。我们能从中看出他为理解一个学科在绘画前所做的准备、笔记和想法。他不仅研究植株，还研究种子和花。埃雷特首先是一个植物热爱者，其次才是一位艺术家。

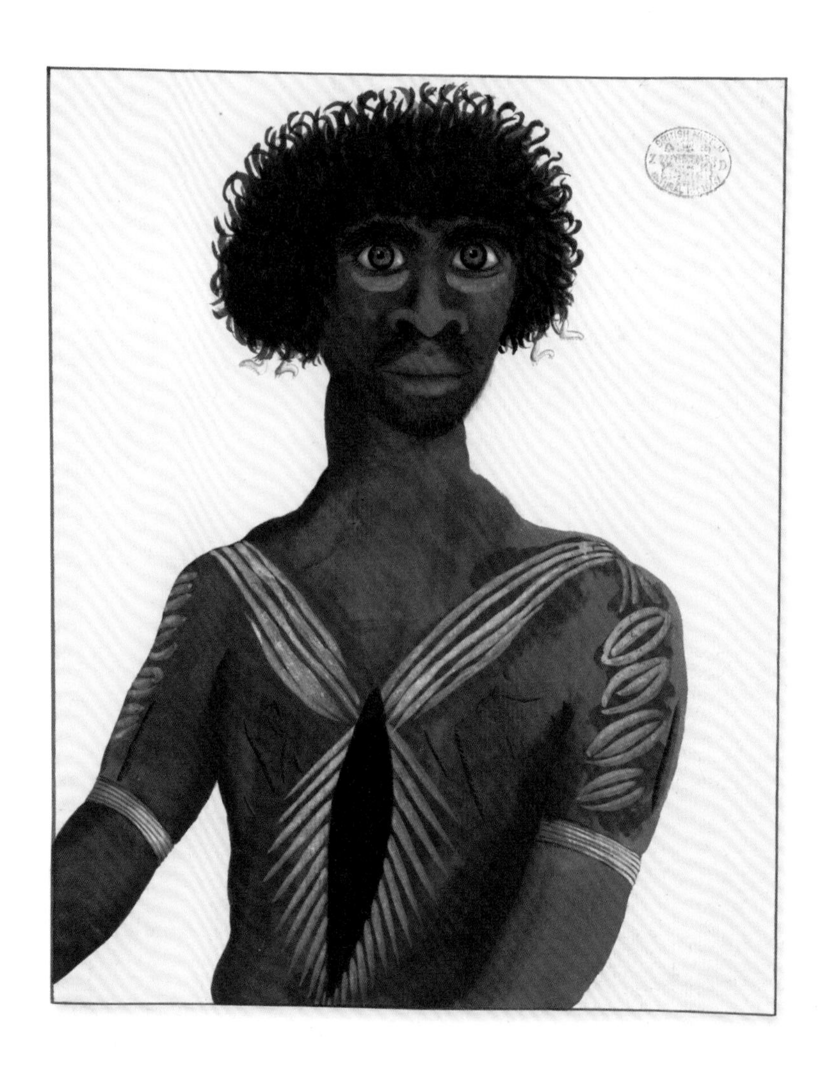

澳大利亚原住民

这是第一幅有关澳大利亚原住民的画作，由欧洲囚犯托马斯·沃特林（Thomas Watling）创作。沃特林是数百名从英国被遣到澳大利亚的囚犯之一。沃特林之前制造过假钞，因此他也是一位训练有素的画家。这幅画画了一个名叫Balloderree的男人，展现了沃特林独特的风格和才华。有关原住民的画作采用了积极的色调，反映了移民与原住民首次见面时的良好关系。第一批囚犯于1787年3月13日离开英国。他们乘坐着被称为“第一舰队”（First Fleet）的11艘船，前往澳大利亚新南威尔士州建立定居点。囚犯与船员创作了数百件他们在新殖民地见到的动植物艺术品，其中有629件被保存在博物馆中，被统称为“第一舰队藏品”。这些作品具有重要的历史价值，有很多涉及人、植物、昆虫、鸟和其他动物的画作。沃特林画了121幅，其他画作由乔治·雷珀（George Raper）和一位化名为“杰克逊港画家”的艺术家（没有真实姓名记载）创作。

库克船长的奋进号

这是首条有关南极企鹅的记录，由18岁的艺术家乔治·福斯特（Georg Forster）绘制于著名的奋进号航行途中。作为同行的博物学家父亲的助手，福斯特负责记录航行到南太平洋未知地区时见到的所有动植物。福斯特绘制的许多动植物都是首次发现，这些画作对科学家、艺术家和文化历史学家有着重要价值，现在被收藏在博物馆中，与最有价值的藏品一起陈列。这是库克船长三次史诗般的航行中的第二次，尽管奖金丰厚，但因没有地图，风险巨大。福斯特曾在靠近南极洲的水域看见过帝企鹅，但他无法确认在南格鲁吉亚岛看到的是什么。企鹅太多了，以至于雪地成了一块黑色的地毯。尽管兴奋，但库克船长没有意识到他与南极洲有多么接近。他以为自己找不到南极大陆，于是返航了。

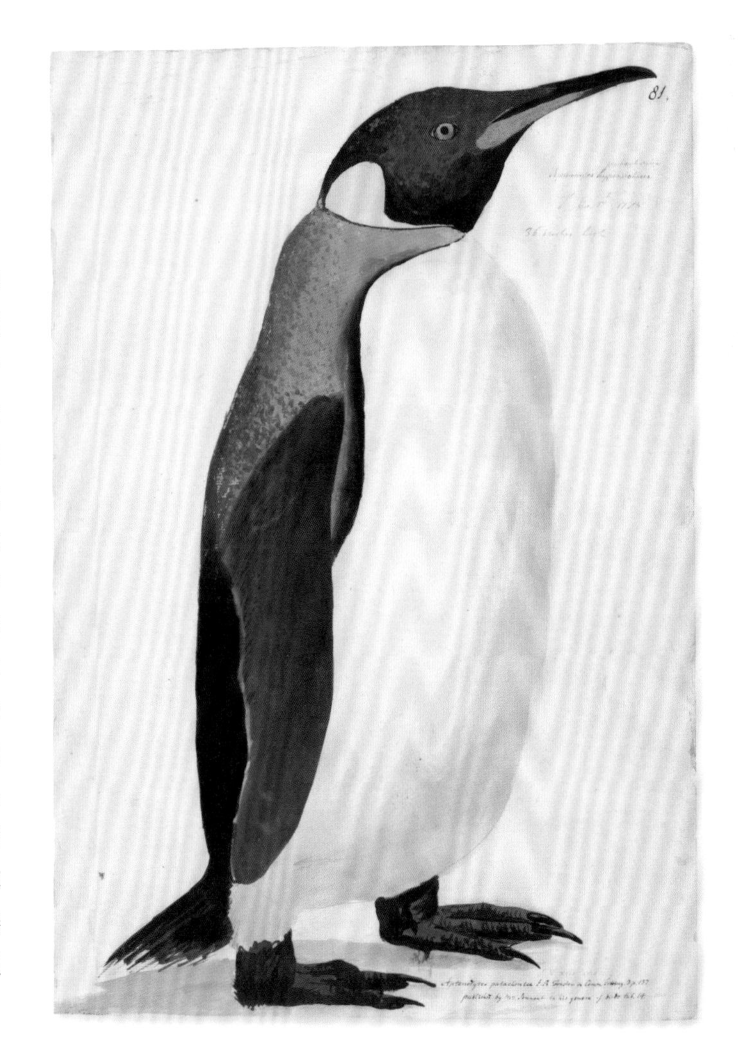

威廉·巴特拉姆的捕蝇草

这幅《捕蝇草》的左下角、美洲黄莲下方、大蓝鹭旁边是第一个有关捕蝇草（*Dionaea muscipula*）的画面。作者威廉·巴特拉姆（William Bartram）是首批生于美国的博物学家之一。巴特拉姆认为这种植物奇异而美丽，将它描述为“欢闹的植物”指的是它吃昆虫的肉食习惯。巴特拉姆对植物的热爱受到了其父在费城的植物园的启发。他儿时与父亲进行了多次收集之旅。后来，他又花了4年的时间在卡罗来纳、佐治亚和佛罗里达州旅行，收集、绘制动植物。

佛罗里达州的沙丘鹤

这幅美丽画作中的鸟由著名美国博物学家威廉·巴特拉姆创作于1774年，同时他也是吃掉这只鸟的人。巴特拉姆是第一个正式记录这种鸟的人。没有人将这种鸟带回，因此画作及文字描述也就被留在了那里。美丽的沙丘鹤（*Grus canadensis pratensis*）翼幅较宽，活的沙丘鹤有1米多长。巴特拉姆在南美荒野（包括佛罗里达的荒野）的4年之旅中创作了这幅作品。他在著作《南北卡罗来纳、佐治亚和东西佛罗里达之旅》（*Travels Through North and South Carolina, Georgia, East and West Florida*）中多次提到了这种鸟，书中描绘了当地如诗般美丽的植物群和动物群以及美洲原住民的生活方式。在野外的几年，巴特拉姆经常在河边或荒凉的草原上露营。因此，许多被当作绘画主题的动物最后都变成他的晚餐。在这种特殊情况下，巴特拉姆抓到了这只“高贵的鸟”，并描述道：“我们将它做成了美味的汤，以作晚餐。”

费迪南德·鲍尔的海龙

这是博物馆收集的费迪南德·鲍尔（Ferdinand Bauer）的众多令人愉悦的作品之一。费迪南德·鲍尔是史上最优秀的博物艺术家之一。他的作品有种热烈的美。这不仅源于他对细节的关注，更来自于他对色彩的痴迷。他发现动植物死后不久就开始褪色，于是深入研究重新创造标本的真实颜色。鲍尔不急于开始工作，也不寻找记忆里的颜色，而是给每一个阴影分配一个四位数字，并在标本死后尽可能快地详细记录下每一个样本的各种编码。在闲暇时间，素描完成后，费迪南德·鲍尔就可以给不同的阴影上色了。因此，他的画作是动物的生动写照。值得一提的是，他的哥哥弗兰兹（Franz Bauer）也是一位世界级的博物艺术家。费迪南德环游世界时，弗兰兹花了40年的时间在英国画植物。费迪南德·鲍尔最重要的航行是1801年乘坐皇家海军舰艇调查者号前往澳大利亚研究其海岸线。同行的还有后来成为博物馆植物学主管的博物学家罗伯特·布朗（Robert Brown）。不幸的是，返航被推迟了。因为船一直没有修好，所以他们被迫在澳大利亚滞留了3年。他们却因此有时间收集了数以千计的动植物，费迪南德·鲍尔也利用这段时间完成了很多澳大利亚野生动物的精美素描。

弗兰兹·鲍尔的兰花

这朵精致的兰花——蜂兰花（*Ophrys apifera*）由英国皇家植物园邱园的首位植物艺术家画于1800年，这位艺术家就是弗兰兹·鲍尔。他专门研究显微镜下的植物并将其放大到纸上，创作了很多细致的植物水彩画。对科学家们来说，弗兰兹的画是一份礼物，它们让科学家们可以不用一直盯着显微镜就能看到和研究植物的微小细节。

弗兰兹·鲍尔出生在奥地利的瓦尔季采（今属捷克），其父是列支敦士登王子的宫廷画师，显然他继承了父亲的艺术天赋。弗兰兹·鲍尔在位于伦敦西南部克佑区举世闻名的花园里度过了40年的时间，其间他静静地创作了大量的画。他从未缺少过灵感。植物财富每天都随着去往世界各地的船只返回英国。来自世界各地的种子都被种植在邱园，弗兰兹·鲍尔凭借着对细节的卓越追求，记录下了植物生长的每个阶段。

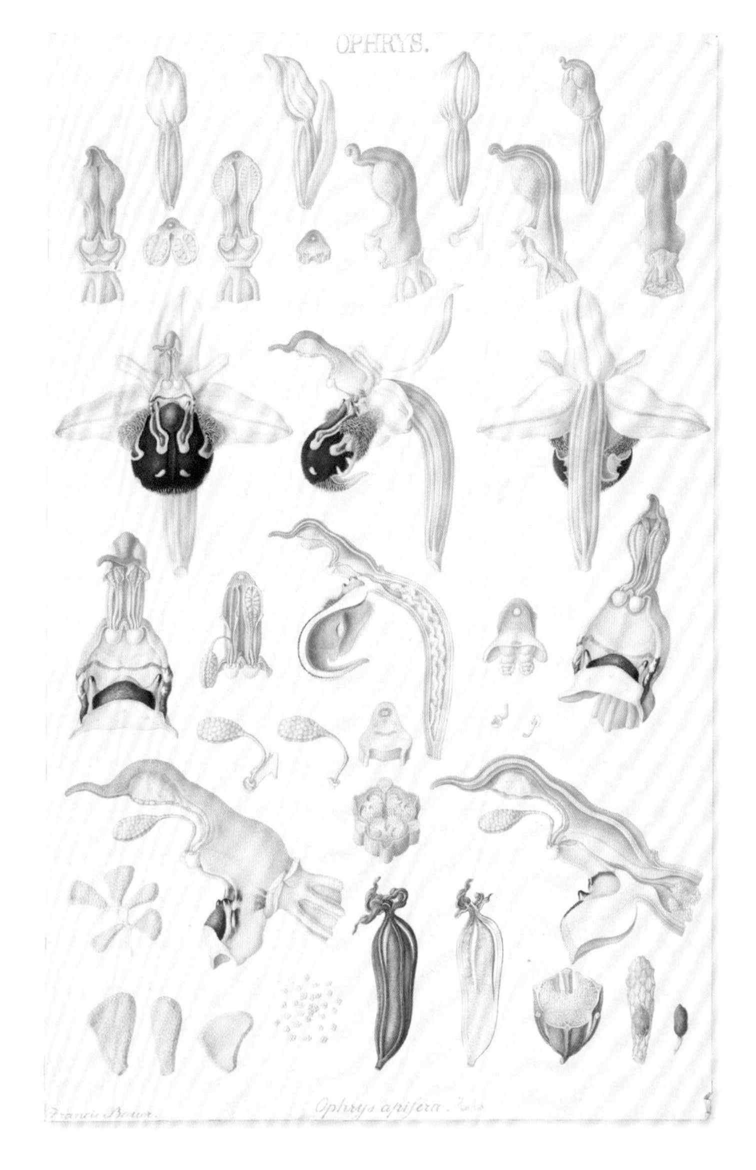

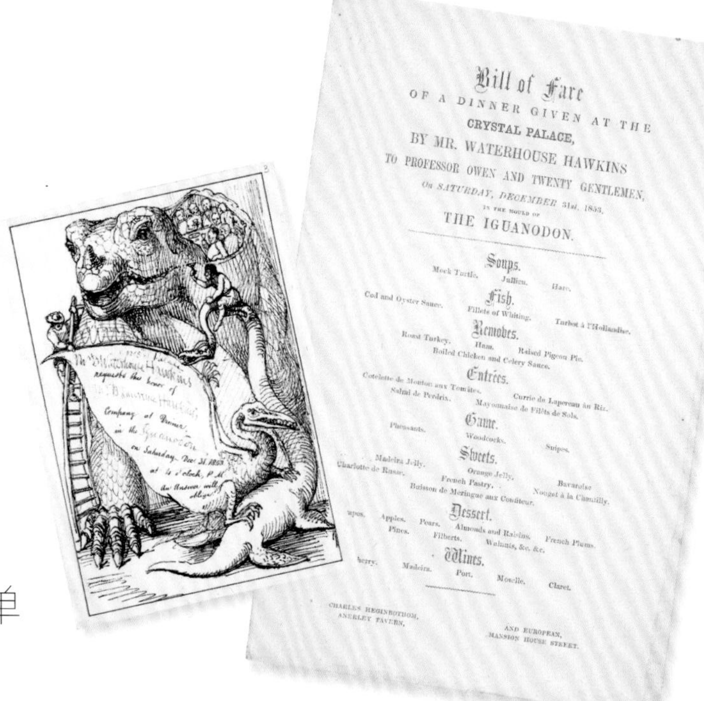

Bill of Fare
OF A DINNER GIVEN AT THE
CRYSTAL PALACE,
BY MR. WATERHOUSE HAWKINS
TO PROFESSOR OWEN AND TWENTY GENTLEMEN,
On SATURDAY, DECEMBER 31st, 1853,
IN THE MOULD OF
THE IGUANODON.

Soups.
Mock Turtle. Jullien. Hare.

Fish.
Cod and Oyster Sauce. Fillets of Whiting. Turbot à l'Hollandise.

Remobes.
Roast Turkey. Ham. Raised Pigeon Pie.
Boiled Chicken and Celery Sauce.

Entrées.
Cotelette de Mouton aux Tomates. Currie de Lapereau au Riz.
Salmi de Perdrix. Mayonnaise de Filèts de Sols.

Game.
Pheasants. Woodcocks. Snipes.

Sweets.
Madeira Jelly. Orange Jelly.
Charlotte de Russe. French Pastry. Bavaroise
Buisson de Meringue aux Confiteur. Nougat à la Chantilly.

Dessert.
Apples. Pears. Almonds and Raisins. French Plums.
Pines. Filberts. Walnuts, &c. &c.

Wines.
Madeira. Port. Moselle. Claret.

CHARLES HEGINBOTHOM,
ANERLEY TAVERN,
AND EUROPEAN,
MANSION HOUSE STREET.

维多利亚时代的菜单

这个奢华菜单（上图右）的价值不只在于它所揭示的维多利亚时代人们的口味，还在于它的创作目的——世界上第一个恐龙景点的开幕。1853年的新年前夕，科学家理查德·欧文在位于伦敦东南部的水晶宫公园揭开了三座实物大小比例的恐龙模型——海拉尔龙（*Hylaeosaurus*）、禽龙（*Iguanodon*）和巨龙（*Megalosaurus*）。维多利亚时代的社会精英们收到了开幕式的邀请函（上图左），他们还被安排坐在了未完成的禽龙模型上。他们为精美的恐龙模型而举杯，为欧文发现这一古代爬行动物而庆贺。没有人敢提起其实是欧文的宿敌吉迪恩·曼特尔（Gideon Mantell）最先鉴定了这一物种，欧文只是通过给它们命名为“恐龙”窃取荣耀罢了。欧文真正的贡献在于：他通过化石估测恐龙的体型，运用解剖学专长预测恐龙的外形，重新创造出了恐龙。这些恐龙由雕塑家本杰明·沃特豪斯·霍金（Benjamin Waterhouse Hawkins）制成。霍金还制作了其他古代爬行动物和哺乳动物，并且创建了第一座史前公园。公园里布满了古植物，呈现了英国3.5亿年的演化景象。数以千计的游客前来参观，包括维多利亚女王和阿尔伯特亲王在内。

第一幅地质图

这是第一幅描绘全国地质情况的地图，由威廉·史密斯（William Smith）于1815年设计完成。这幅地质图用不同的颜色来描绘英格兰和威尔士境内的不同岩石类型，为气球地质调查奠定了基础。史密斯对地质的研究始于他在家乡牛津收集化石的经历。他勤奋好学，善于观察，18岁时成为测量员，负责勘测水、煤炭、矿产资源以及水渠建设。工作让他有机会走遍全国各地。史密斯注意到：勘测之地的岩石分层顺序都相同，而且可以通过在岩层里发现的化石来确定岩层的年龄。他花了10多年的时间搜集证据、筹集资金，最终发表了这幅地图。这幅地图是手绘的，大约有2平方米大，十分壮观。然而，出版社当时并没有立即同意出版，或许是因为史密斯出身卑微和职位不高。今天，威廉·史密斯被称为“地质之父”，被越来越多的人所熟知。

A DELINEATION OF THE STRATA OF ENGLAND AND WALES, WITH PART OF SCOTLAND: EXHIBITING THE COLLIERIES AND MINES, THE MARSHES AND FEN LANDS ORIGINALLY OVERFLOWED BY THE SEA, AND THE VARIETIES OF SOIL ACCORDING TO THE VARIATIONS IN THE SUBSTRATA, ILLUSTRATED by the MOST DESCRIPTIVE NAMES BY W. SMITH.
THE GERMAN OCEAN
IRISH SEA
THE
ST GEORGE'S CHANNEL
CAERNARVON BAY
CARDIGAN BAY
BRISTOL CHANNEL
THE ENGLISH CHANNEL
EXPLANATION

8.
EPIMACHUS ELLIOTI, Ward.
J. Gould & W. Hart, del. et lith.
Walter, Imp.

古尔德的《新几内亚鸟类》

这幅壮观的画来自《新几内亚鸟类》（*Birds of New Guinea*）一书的首印版，作者约翰·古尔德（John Gould）是19世纪最有天赋的鸟类插画家之一。古尔德是一位多产的画家，一生创作了大量的作品，其中就有展示英国、澳大利亚、欧洲和亚洲鸟类的多卷作品。博物馆收藏了每卷的首印版。

古尔德不仅是一位画家，还是一位出色的鸟类学家。比如，查尔斯·达尔文（Charles Darwin）从加拉帕戈斯群岛带回来了一些鸟并为之命名，古尔德认为达尔文命名有误。令人难以置信的艺术才华与对鸟类透彻的理解的完美融合，让古尔德的画作是如此精准，以至于与那些画像真实的标本一样被用于参考，有些甚至被当作典型样本。古尔德和别人一起完成了这部宏伟的作品。当他完成了这些鸟的画作之后，画作被刻到了平版印刷石上以便印刷。之后，古尔德雇佣了一个着色师团队（包括他的妻子在内）给这些画着色、赋予生命。着色师在颜料底部使用金叶子并将阿拉伯胶涂在特定区域，成功重现了鸟类的丰富颜色。

N° 44.

Drawn from Nature by J.J. Audubon. F.R.S. F.L.S.
Louisiana Heron, ARDEA LUDOVICIANA: Wils Male adult

奥杜邦的《美洲鸟类》

如果有一本书曾经改变了我们看待鸟类的方式，那么这本书一定是约翰·詹姆斯·奥杜邦（John James Audubon）1827—1838年间出版的《美洲鸟类》（*The Birds of America*）。全书435页挤满了1065幅实物大小的鸟类水彩画，每页都有1米高。此书被评价为最生动的鸟类绘本。奥杜邦常去野外漫步绘画，而不是像同时代其他博物学家那样使用现成的鸟皮或动物园里的标本。他也是第一个将鸟画成实物大小并记录鸟类自然姿态的人。从小型鸣禽到翱翔的鹰，全都囊括其中。奥杜邦用线把新制成的标本固定住，这样他就可以画下它们生前的样子了。

1785年，奥杜邦出生于圣多明戈（现在的海地），之后在法国长大，几乎没有受过正式教育。他很快就对观察和临摹鸟类产生了兴趣。35岁时，他决定画遍美洲的所有鸟类。他花了20年的时间探索每一个鸟类栖息地，从山丘到山谷，从加拿大到墨西哥湾。他一边画画，一边为这部宏伟的著作搜集资料。

不知为何，奥杜邦在美洲找不到愿意出版此书的印刷商和出版商。他把作品带到英国，结果大受欢迎。19世纪早期最优秀的雕塑家之一小罗伯特·哈弗尔（Robert Havell Jr）将奥杜邦的水彩画刻成了435幅版画。《美洲鸟类》作为科学性与艺术性融合的完美实例，迅速成为美洲文化的标志。据说，这本书有119本存世。其中一本在2002年拍卖出了破纪录的880.25万美元。

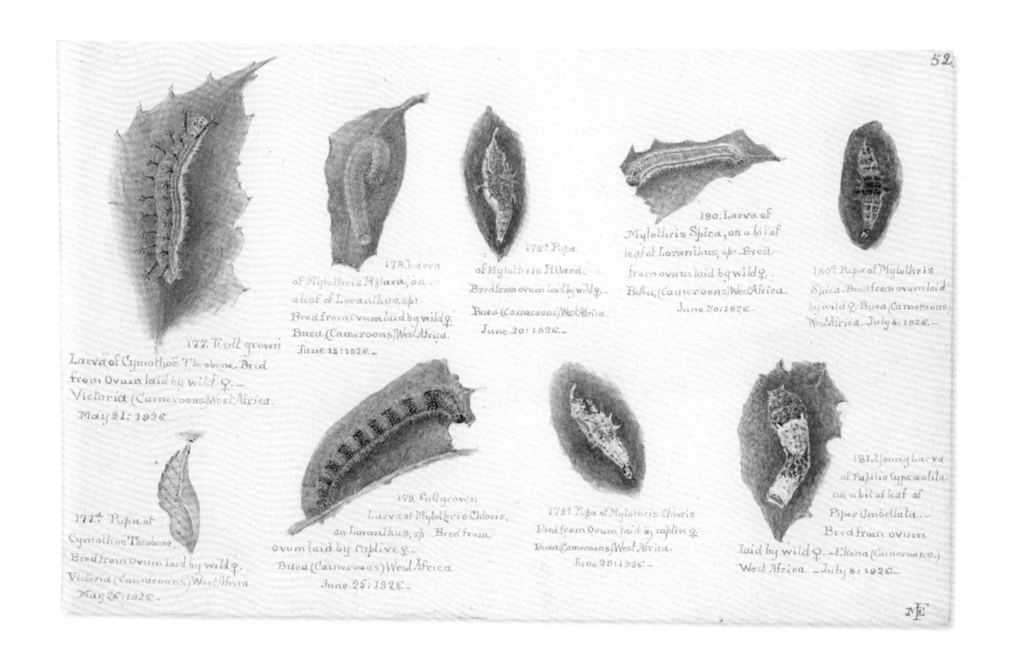

玛格丽特·方丹的笔记本

1862年，玛格丽特·方丹（Margaret Fountaine）出生于诺福克。这4本私人笔记，每本都有手工制作的保护套，记录了性格坚强的方丹的探索之旅。她过着维多利亚时代多数女性想都不敢想的生活：一个人在世界各地旅行，寻找蝴蝶的踪迹。笔记本上满是精致的水彩画和精心描绘的笔记。从欧洲到非洲，从印度到西印度群岛，从中国到斯里兰卡。她在外旅行50年，其中的27年与一位相识于叙利亚的异性哈利勒·尼米（Khalil Neimy）结伴同行，最终哈利勒却伤了她的心。方丹公然反抗维多利亚时期英国的社会习俗，选择了自由的生活。她的叛逆得到了回报：她逝世时已是一位受人尊敬、和博物馆关系密切的昆虫学家。这些笔记本可能是她送给一位熟识昆虫管理员的礼物。很多成年蝴蝶的标本是她收集来的，也有一些是她通过饲养蝴蝶幼虫和蛹而获得的。

方丹终生都是浪漫主义者。1940年，她去世前把一个上了锁的铁盒子捐赠给了诺维奇城堡博物馆，并嘱咐100年后才能打开。盒子里装着方丹的大量蝴蝶藏品、照片和其他12本笔记。

爱德华·利尔的鹦鹉

这幅迷人、富有特色的图画摘自爱德华·利尔（Edward Lear）的《鹦鹉图录》（*Illustrations of the Family of Psittacidae or Parrots*）一书的首印版。该书出版于1832年，当时利尔只有19岁。利尔想要捕捉鹦鹉的颜色和形状之外更多的特质，他花了几个星期的时间在伦敦的动物公园（后来被称为伦敦动物园）观察鹦鹉。他仔细观察鹦鹉的动作和特色，再把它们画到纸上。结果，每一幅画都色彩丰富、充满活力，叙述高手所具生动想象力的影响在画中显露无遗。

利尔的一生饱受癫痫和其他一些疾病的折磨，他在十几岁到二十几岁时疯狂画画。可能作为作家，他的知名度更高。他写过打油诗《荒唐书》（*A Book of Nonsense*），还写过一些儿童诗歌和故事，例如《猫和猫头鹰》（*The Owl and the Pussycat*）。他总是被拿来与有史以来最伟大的鸟类艺术家约翰·杰姆斯·奥杜邦比较。他还给维多利亚女王上过绘画课。

亨利·贝茨的日记

博物学家亨利·贝茨（Henry Bates）的野外日记不仅是一部科学著作，它还展示了维多利亚时期的科学家们不畏艰难、勇于探索的精神以及他们为研究自然世界所做的巨大贡献。贝茨是继查尔斯·达尔文和阿尔弗雷德·拉塞尔·华莱士（Alfred Russel Wallace）之后维多利亚时期最有名的博物学家。1993年，博物馆购买了贝茨两本日记中的一本。尽管里面字迹潦草，有些内容已经难以辨认，读者仅读日记很难跟上贝茨的思维，但是这本日记依旧是一件震撼人心的作品，其珍贵之处在于它是贝茨的责任感和激情的象征。这本日记写于贝茨在亚马孙的那5年，上面满是笔记和所见蝴蝶的精美水彩画。为了完成这项工作，他要忍受令人窒息的热潮、孤独、苍蝇、生存工具的缺乏以及其他难以想象的困难。尽管如此，他还是投入了大量时间创作出这些实物大小的精美水彩画，记录下了新物种的结构、多样性和生活方式，并自得其乐。这些笔记为贝茨1863年出版的畅销书《亚马孙河上的博物学家》（*Naturalist on the River Amazons*）奠定了基础。

Tharops Doubleday
No 2
No 3
No 4
No 6
No 7
No 8
No 10
No 11
No 12
No 15
No 16
No 19
No 20
No 23
No 24

达尔文的《物种起源》

1859年，查尔斯·达尔文出版了《物种起源》（*On the Origin of Species*）。博物馆收藏了该书的5页笔记，右图就是其中的一页。这些笔记为本能一章而准备，是这本最有影响力著作的宝贵遗产之一。笔记上的批注和改动记录了伟大思想的产生过程。达尔文在书中以自然选择为工具，提出了进化论理论。他认为所有生物都有着共同的祖先。随着时间的推移，生物在变化，优胜劣汰，适者生存。这一理论合理地解释了自然界的多样性。他花了20年的时间精炼出版自己的理论。该书首版名字为《论借助自然选择（即在生存斗争中保存优良族）的物种起源》（*On the Origin of Species by Means of Natural Selection, or the Preservation of Favoured Races in the Struggle for Life*）。从1872年的第六版起，该书改名为《物种起源》。尽管这本书对创世论的冲击颇为直接，但仍旧十分畅销。该书日文版（上图）于1914年以口袋书的形式出版，书中还附有一张可折叠的物种树。

[Sect. 7 Instincts]

(239

The possibility or even probability of inherited variations of instincts in a state of nature will be strengthened by briefly considering a few cases in of our domestic animals. We shall, also, thus be enabled to see the respective parts which habit & the selection of so-called accidental variations have played in modifying their mental qualities. A number of curious & authentic instances could be given of the inheritance of all shades of disposition & of tastes & likewise of the inheritance of the oddest tricks associated with certain frames of mind or periods of time. But let us look to the familiar case of the several breeds of dogs: it cannot be doubted that young pointers (I have myself seen a most striking instance) will sometimes point & even back other dogs, the very first time that they are taken out: retrieving is certainly in some degree inherited by retrievers, & a tendency to run round, instead of at a flock of sheep, by shepherd dogs. I cannot see that these actions, performed without experience by the young, & in nearly the same manner by each individual, performed with eager delight by each breed, & without the end being known to the animals,— for the young pointer can no more know that he points to aid his master, than does the white butterfly know why it lays its eggs on the leaf

152
½ nat. size
Asterophysus batrachus. Kner.

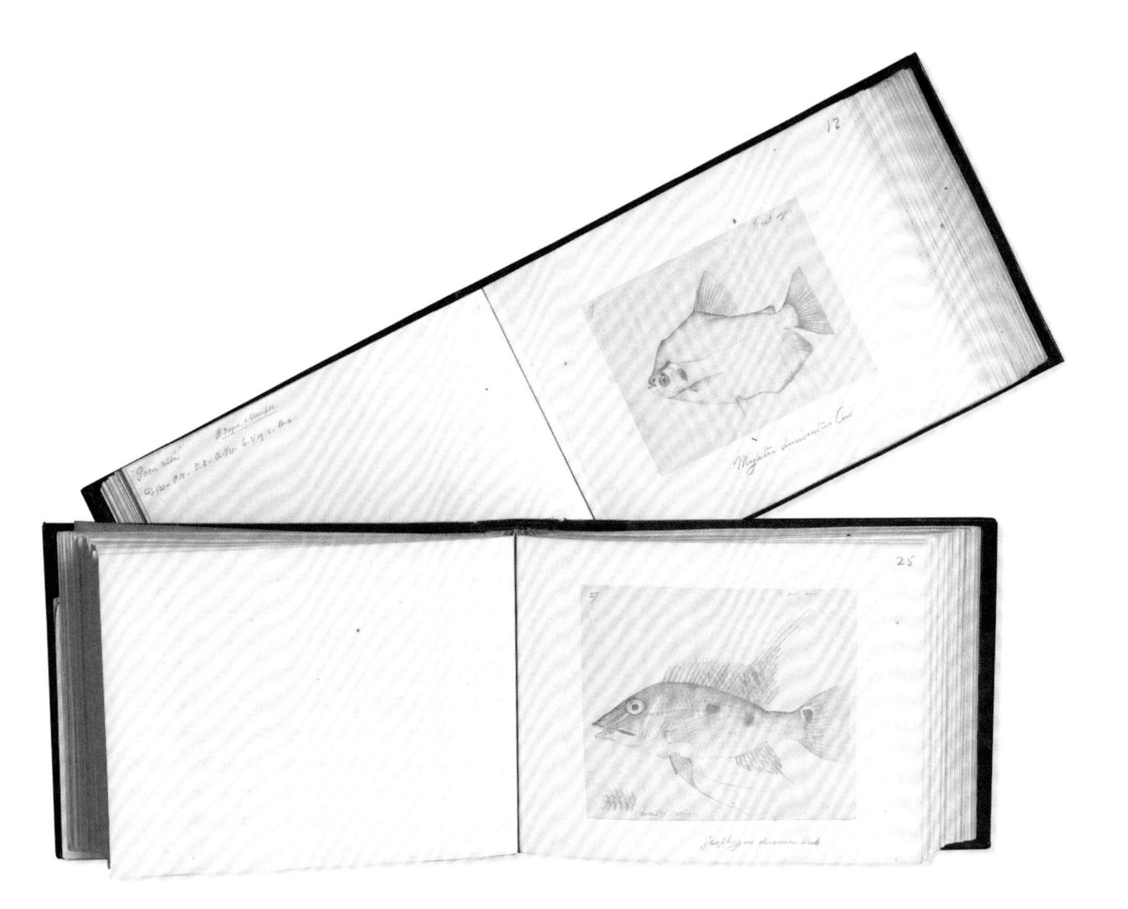

从沉船中抢救出的图纸

当博物学家阿尔弗雷德·拉塞尔·华莱士匆忙逃离着火的船时，他只来得及抢救出一个装有笔记和素描的锡盒。华莱士在巴西里奥内格罗进行了4年的采集工作。一场大火之后，仅剩下这些。海伦号在返程时失火了，年轻的华莱士只能坐在救生艇上眼睁睁地看着数以百计的植物、昆虫、鸟皮、笔记本和一些活的动物（包括鹦鹉和猴子在内）随船沉入海底。作为年轻人，华莱士热衷于探索自然世界。他于1848年离开英国前往巴西亚马孙。之后的4年，他依靠出售采集的标本来支付旅途费用，并且遵循严格的作息利用好每一天的时间。华莱士黎明时花上两个小时寻找鸟类，上午到下午的那段时间捕捉昆虫，下午4点吃晚餐，傍晚做笔记或者准备标本。1889年，华莱士发表了一个有关亚马孙经历的报告。他花了几年的时间在马来群岛采集标本。那时，他已经是著名博物学家了。华莱士在马来发展了依据自然选择的进化论理论，但他并不知远在英国老家的查尔斯·达尔文也在探索同一理论。

Copy to Dr. Atkinson 30 June 1913

174 Buckingham Pal. Road.
April 25th 1913

COM. 26 APR 1913

C. E. Fagan Esq

Ansd 26 April 1913

BRITISH MUSEUM NATURAL HISTORY
P 1194
25 APR 1913

Dear Sir

Captain Scott's Antarctic Expedition has resulted in the acquisition of large & important Scientific collections, but both the Commander of the Expedition & the Chief of the Scientific Staff have perished.

I am aware however that it was the earnest wish of my husband

斯科特船长在南极

罗伯特·斯科特船长（Captain Robert Scott）未能从南极平安归来，他的妻子凯思琳（Kathleen Scott）于1913年给博物馆写了这封信。当时凯思琳正在为斯科特船长的远征队所收集的标本寻找一个家——一个可以保存其遗产的地方。斯科特船长带领两支远征队前往荒凉南极。远征队成员在笔记本上记下他们发现的一切，画图，拍照，收集岩石、鱼化石、动植物标本（如海豹的头骨、鸟皮和海蜘蛛）。探索号考察（1901—1904）取得了巨大成功。特拉诺瓦号考察（1910—1912）却以悲剧结尾。从南极返回营地时，斯科特船长和4名同伴受到了挪威人的攻击，最后死于暴晒和饥饿。凯思琳从悲伤中恢复之后，试图与特拉诺瓦号的成员整理第一次航行采集的标本。那时，第一次考察采集的样本已经在博物馆了，所以她给博物馆写信："指挥官和科学队组长都牺牲了……将斯科特船长在前次探险中收集的地理、生物的标本保存好，是他的愿望。"第二次考察采集的标本最终也来到了博物馆。凯思琳的信现存于博物馆的档案馆中。

马克·拉塞尔

这幅超现实风格的象鼻虫由昆虫学家、当代艺术家马克·拉塞尔（Mark Russell）创作。甚至你能看到昆虫的每根毛发和每个小孔。它不仅是一件绝妙的艺术品，也被列为收藏珍品。它于2000年购入，也是博物馆努力收集现代艺术前沿作品的范例。对后世来说，藏品是一个综合记录。因此，我们既要不断收集过去的珍宝，又要收集未来的珍宝。拉塞尔这样的当代人才就是一个非常好的例子。1971—1975年，他在博物馆的昆虫学部门工作，策划大型甲虫收集活动。那时，他决定去不同气候类型的国家采集标本。拉塞尔在欧洲、南美和非洲等地沿途收集了许多象鼻虫，这激发了他的艺术灵感。这只象鼻虫（*Rhopalomesites tardyi*）被放在显微镜下敏锐观察后才绘制：每个细节都得到了放大，之后又被涂上明亮的丙烯酸树脂。

植物

纪念班克斯的植物

这种名叫锯叶筒花（*Banksia serrata*）的植物，为了纪念18世纪伟大的博物学家约瑟夫·班克斯爵士而被命名。班克斯爵士是第一个在原产地澳大利亚看到这种植物的欧洲人。当时，他正在奋进号环球航行（1768—1771）途中。班克斯将这种植物以及一些类似的新物种带回了英格兰。这类植物也因此被用班克斯的名字命名为一个新的属——筒花属（*Banksia*）。筒花属植物的插图（右图）为同行的悉尼·帕金森所绘。帕金森是一位年轻而有才华的画家，协助创作了18卷奋进号航行所获植物的绘图。班克斯在新发现的大陆搜集了3000件植物，其中约有900件属于科学意义上的新物种。

正是因为这些珍贵的植物遗产，人们牢牢记住了他的名字。班克斯资助了许多航海旅行，让那些年轻的博物学家和画家有机会记录他们的发现。作为国王乔治三世（George Ⅲ）的邱园顾问，他还把无数植物引进到英国。班克斯对植物的经济价值也很感兴趣。比如，他发现了印度阿萨姆邦是种植出口茶叶的绝佳地点。

锡金大黄

若非亲眼所见，你大概都不会相信：奇特的高山大黄或锡金大黄（又叫塔黄，*Rheum nobile*）长有两米高的“参天”穗状花序。它生长在海拔4000米左右的喜马拉雅山脉上，从阿富汗东北部经过巴基斯坦北部、印度、尼泊尔、不丹直至中国西藏。这份标本由弗兰克·勒德洛（Frank Ludlow）、乔治·谢里夫（George Sherriff）和N. M. 艾利奥特（N. M. Elliot）收集。勒德洛是著名的植物收藏家和博物学家，他多年游走于喜马拉雅山和远东地区。在右页这张1947年拍摄于西藏的照片中，你可以看到这株植物和勒德洛的宠物狗约克的大小对比。据说这种植物的根和人的手臂一样粗。当地人还会把它的茎做成一种美味的酸味小吃。

高山大黄的生境极其寒冷，周围绝大多数存活的植物都是低矮的灌木。高山大黄有自己的热调节系统来帮助生存。锡金大黄的外面有半透明的苞片，使可见光能够照入，同时又阻止热量流出，从而制造出温室效应。

灭绝救援

圣赫勒拿岛的黄杨木（*Mellissia begonifolia*）是一个奇迹般生存故事的主角。黄杨木是大西洋小岛圣赫勒拿岛的特有品种。它闻起来有烟草味、鹅莓味，最糟糕时还有一股脚臭味。黄杨木于1813年被首次描述。因为引进山羊导致过度放牧、森林开发和水土流失等，所以人们确信黄杨木在19世纪末已经绝灭。1998年的一天，一个当地人在外面散步时发现了7株植物。其中6株已经死了，虽然第七株满是虫害，却正在开花并且育有种子。之后，人们发现了更多的圣赫勒拿岛黄杨木。种子的顺利萌发将这种植物从灭绝的边缘救了回来。尽管如此，黄杨木在圣赫勒拿岛上仍是极度濒危的物种。

植物
BOTANY

博物学家的传世珍宝
——来自伦敦自然博物馆的自然藏品集

一种非同寻常的植物

两性霉草（*Lacandonia schismatica*）与地球上其他植物的花都不同：雄蕊在中间，而雌蕊在外围。其他植物的花与之相反。科学家1985年首次发现它时，认为这一高度特殊的结构意味着这种植物应被列入一个仅有它自己的新科。但是，DNA分析表明这种植物属于霉草科。霉草科是一个现存的腐生植物科，该科植物以其他植物的腐殖质为生。拉坎敦属（*Lacandonia*）是一个仅分布于墨西哥东南部热带雨林的不起眼小属。其线状茎能长

到约10厘米长，足以穿破雨林地面的潮湿落叶层。茎的顶端着生一朵或多朵极小的花，大约100朵小花合在一起才有一朵雏菊那么大。小花含有小小的、成簇的子房（橘色），子房包围着中部雄蕊的花药（黄色）。这种植物在进行《中美洲植物志》（*Flora Mesoamericana*）项目考察时被首次发现。这一项目由伦敦自然博物馆、墨西哥国立自治大学和密苏里植物园协作执行，旨在记录下中美洲所有维管植物。新采集的标本（如拉坎敦属植物）被及时寄往博物馆并被收录。《中美洲植物志》第一卷于1995年面世。

克利福德的蜡叶标本集

狮耳花（*Leonotis leonurus*，左图）和茑萝（*Ipomoea quamoclit*，右图）的照片选自早期收藏的干燥植物，也叫蜡叶标本。这些标本由荷兰富商乔治·克利福德（George Clifford）于18世纪30年代制作。后来，被称为植物学之父的年轻瑞典人卡尔·林奈（Carl Linnaeus）还对这些标本进行过研究。3491份标本是克利福德华丽花园中多数植物（包括香蕉和仙人掌在内）的写照。这些植物的种子搜集于早期亚洲、美洲和欧洲的考察活动以及欧洲其他花园。这些小心压制的标本像从漂亮花瓶中长出一样，被稳妥放置。植物名字写在精美印花标签上。标签上的文字包括属名和拉丁文描述短语，它们还被林奈慷慨地列在其出版的《克利福德花园》（*Hortus Cliffortianus*）之中。15年后，林奈的奠基之作《植物种志》（*Species Plantarum*）再次引用了这些内容。林奈在《植物种志》中首次介绍了双名命名法，该命名法由一个属名和一个种名组成，并沿用至今。

Quamoclit
Ipomoea
Quamoclit
1 p. 66. Ipomoea 1

Wrangelia multifida
Griffithsia secundiflora
Laminaria Phyllitis
Bonnemaisonia asparagoides
Ulva latissima
Delesseria sanguinea
Iridaea edulis
Griffithsia setacea
Enteromorpha
Polysiphonia purpurascens
Chondrus crispus
Rhodomenia laciniata

海藻集

这些被装裱的海藻于19世纪50—60年代由居住在泽西岛的女性手工制作，是那片海岸最迷人的纪念品。根据标签判断，这本海藻集来自教堂。这些纤弱的植物被精心平展在一张张明信片大小的卡片上，再被折成一个灵巧的小册子。引人注目的是其形式的变化、纹理的排列和色彩的搭配（红的、棕的和绿的）。其中一些小册子有刻在内部的名字，有些则没有。这些小册子很可能为出售而被特意制作。它们很可能由同一个小组制作而成，因为大部分都有同一首诗的节选。节选如下：

你搜藏并赞美我们，
我们会愉悦你的闲暇时光。
请不要把我们当作野草，
我们是大海里娇艳的花朵。

博物馆大概存有6本小册子，有些是收到的礼物，有些购自书商。与那些海藻像垃圾一样成团被大海推上海岸的画面相比，这些手工品更显得如此美好。

巨杉

这片巨大的木材切片接近5米宽，来自于一棵萌芽于557年的巨杉。1891年，也就是生长了1300多年后，这棵巨杉为满足美国自然博物馆的需求被伐倒了。那时，它已超过了90米高，生长在今帝王谷国家公园的大树桩林内。两个人花了一周多的时间才砍倒它。一片巨杉的巨大切片被寄往纽约，还有一片被寄往大英博物馆，剩余部分被切成段用于制作栅栏。虽然巨杉不会长得像海岸红杉那样高，但是它们仍然因其胸围巨大被认为是最大的生物。巨杉至少能活3000年，巨杉能活这么久的秘密可不止一个。巨杉仅分布在加利福尼亚州的内华达山脉。那里，湿冷的冬天和干热的夏天互相交替。在这种环境中茁壮成长的巨杉有着不同寻常厚实且耐火的树皮，这种树皮可保护它们免遭夏天那些能轻易毁灭竞争的火灾伤害。种子在火灾后大量散布并在矿化的土壤里顺利发芽。此外，巨杉含有一种天然的木材防腐剂，这让它们能很好地抵抗疾病。

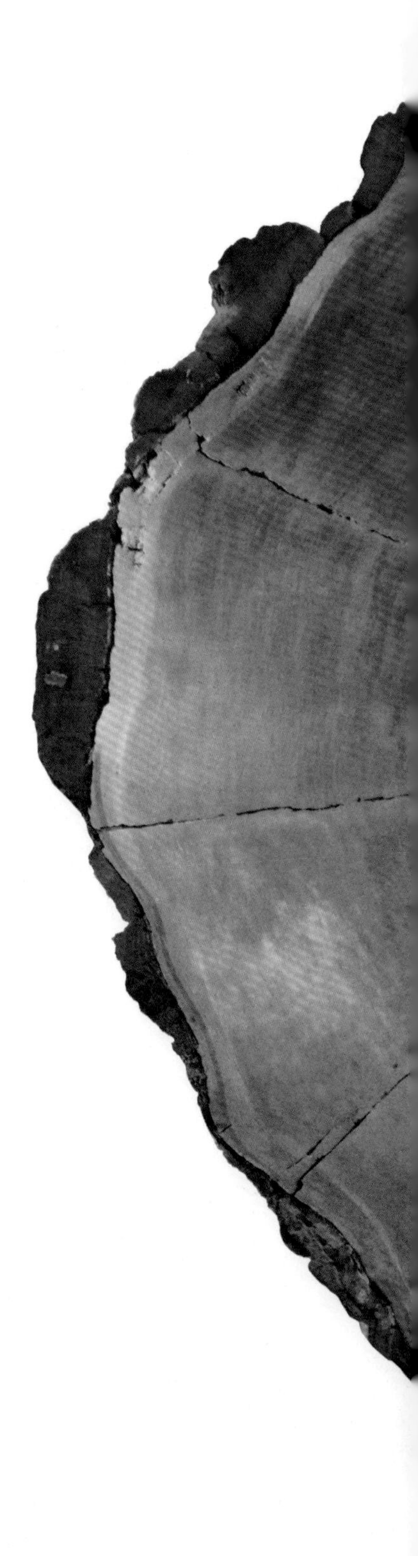

蒲福公爵夫人的耳状报春花和郁金香

玛丽·萨默赛特（Mary Somerset，蒲福公爵夫人）14卷的精心压制的蜡叶植物标本集并不是一位女士闲来无事的消遣结果。这是18世纪早期英国栽培植物的真实记录，标本由公爵夫人亲自种植和压制。公爵夫人有两座宏伟的花园，一座在布里斯托尔附近的伯明顿，另一座在伦敦的切尔西。她在两座花园里种植了上百种植物，其中许多植物来自新世界和欧洲。她甚至为将60多种植物引进英格兰而去贷款。来自自家花园的植物经过压制、干燥被装订在单独的纸夹内，公爵夫人给每件标本都写上名字。郁金香标本（上图）还注明了每个鳞茎的成本。一页页的植物记录了公爵夫人生活的那个时代的时尚变化。当植物原本的颜色随着时间慢慢褪去，她的珍贵藏品却成为早期植物栽

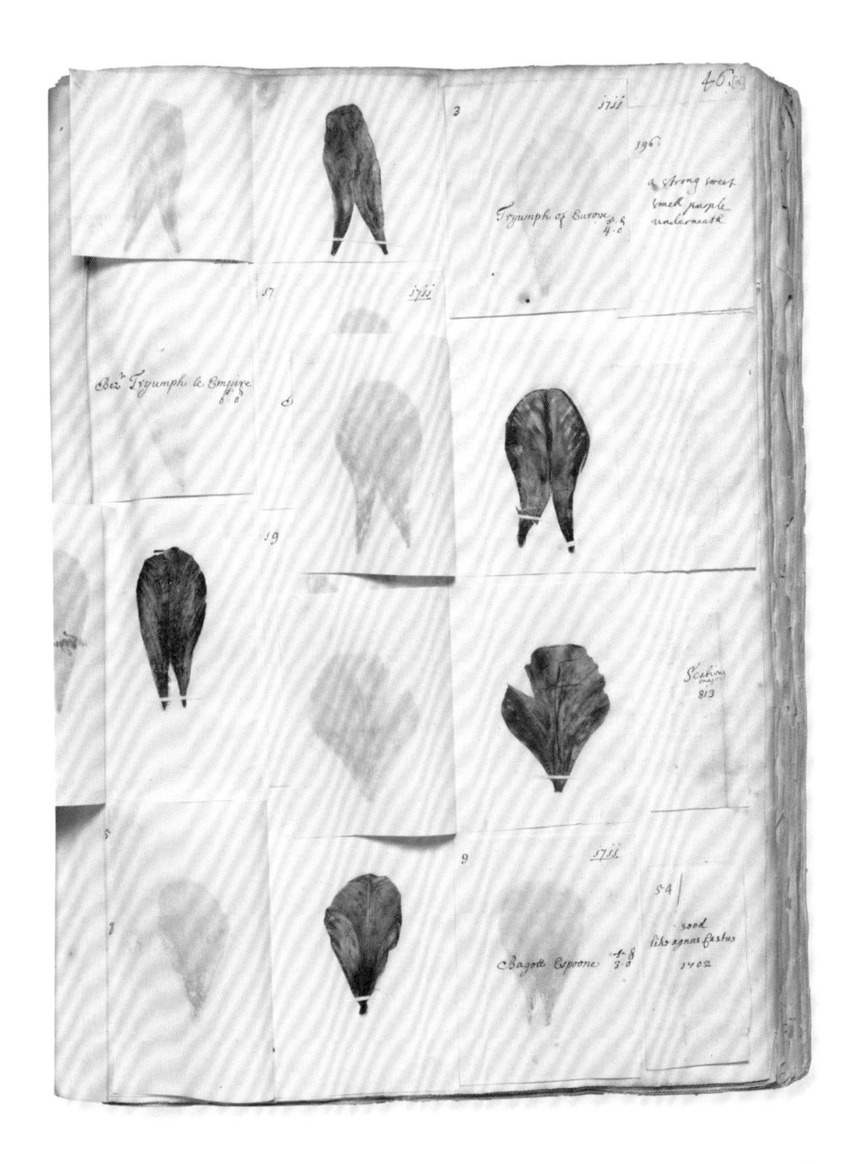

培的最佳记录。在伦敦，公爵夫人是汉斯·斯隆爵士的近邻。斯隆对她的花园印象尤为深刻，他说那些植物“长得比我见过的任何欧洲花园里的植物都要繁盛……那些病了的或长势不好的植物被搬到她称之为‘养老院’的地方，以得到比汉普顿宫还要完善的照料……”这些标本册在公爵夫人1714年去世后被移交给斯隆，最终来到博物馆。

鞑靼植物羊

如果说有一种植物可以长成一头活生生的羊，那么还有比它更奇怪的植物存在吗?答案是否定的。著名的鞑靼羊曾经被认为是一种能结出羊的植物。这还成为棉花之所以存在的合理解释。人们认为，这种羊通过脐带与母株植物相连，并以母株植物周围的植物为食。羊把母株植物周围的植物都吃光时，它和母株植物就都会死去。

这一来自中国的独特标本由汉斯·斯隆于1698年制作。斯隆一生搜集了数以千计的藏品。斯隆1753年去世后，这些藏品成为大英博物馆的重要馆藏。作为一个怀疑论者和科学家，斯隆纠正如下:这种“羊”其实由蕨类植物的茎或根构成，只不过是“聪明地”伪装成羊的模样，所谓的“腿”只是断了的叶基。尽管如此，“植物羊”的传说仍然代代流传。

赫尔曼的蜡叶标本集

这页包括蝴蝶在内的标本是较早、较重要的斯里兰卡植物收藏之一。保罗·赫尔曼（Paul Hermann）医生选取、干燥和命名了大约400种植物。绝大多数是本地植物，也有早期从美洲引进的物种，如腰果、南美番荔枝和棉花。赫尔曼在斯里兰卡（那时称锡兰）当了5年荷兰东印度公司的首席医药官。该公司在荷兰的统治下管理着这个岛。当时，大多数的药品都是从植物中提取的。因此，赫尔曼开始把注意力从病人身上转移到当地的植物上。直到赫尔曼1695年去世，这些收藏都没有获得持续的重视。他的遗孀将这些植物以及绘图和注释手稿寄给了牛津大学的植物学教授威廉·谢拉德（William Sherard）。谢拉德教授根据这些材料出版了一个简单的目录。瑞典科学家卡尔·林奈之后借用过赫尔曼的标本，为编写有关锡兰植物的著作《锡兰植物志》（*Flora Zeylanica*）奠定基础，该书出版于1747年。6年后，林奈提出了沿用至今的双名法。赫尔曼的植物收藏支持了林奈为斯里兰卡植物的命名。每一件植物下面都能看到赫尔曼的手书以及林奈编写的参考编号。

斯隆的蜡叶标本集

这株可可植物（左图）由收藏家、医生汉斯·斯隆于1689年从牙买加带回伦敦，它也是被较早科学记录的可可植物标本之一。其名可可（*Theobroma cacao*）源于希腊文theobroma，是神的食物的意思。斯隆看到当地人煮沸其种子制作饮品。他品尝这种饮料时觉得过于苦，因此加入牛奶和糖。斯隆回到英国后卖掉了这个食谱，最终由吉百利公司生产。开始只是作为饮料出售，后来被制成现在随处可见的巧克力条。

斯隆265卷收藏中的8卷来自牙买加，每卷都装满了细心干燥和装订的植物。目前，这些册子保存在博物馆内的专属房间里。斯隆雇了当地画家加勒特·摩尔（Garret Moore）教士为标本绘制插图，另有一些插图（如可可叶）由才华横溢的画家艾弗拉德·基克乌斯（Everhardus Kickius）在斯隆返回英格兰的途中所画（P58图）。直到现在，科学家还常常使用这些标本册。作为西印度群岛生物多样性的有力证据，这些标本现在依然在被科学家所使用。

Thomas Wardle

Henry M. Howe

Charles H. Read

R.B. Woodward

A. C. Haddon

Frank Jones

W. Freudenberg

Karl von Bardeleben

H. N. Hutchinson

H. G. Seeley

H. Credner

J. Tolmachev

古生物

皮尔当板球棒

罗德西亚人

发现于布罗肯希尔（今卡布韦）的头骨是在非洲发现的第一块人类化石。1921年，这件标本发现于罗德西亚的北部（今赞比亚的卡布韦），它被命名为罗德西亚人（*Homo rhodesiensis*），通常被归入海德堡人（*Homo heidelbergensis*）。正是依据这样多元化的证据，我们才得以推断出人类的演化历程。大约在500万～800万年前，原始祖先分化出不同支系。大猩猩和黑猩猩属于一支，早期与人类接近、被称作亚科的成员属于另外一支。几个亚科成员出现又消失。大约250万年以前最早的人类出现，能人（*H. habilis*）就包括于其中。更进步的直立人（*H. erectus*）可能从海德堡人（*H. heidelbergensis*）演化而来，接着演化成尼安德特人（*H. neanderthalensis*）以及智人（*Homo sapiens*）。布罗肯希尔头骨有着尼安德特人的长脸，但是鼻子更小，眉嵴则大得多。布罗肯希尔的标本曾经被认为不到4万年，因此被看作人类演化历程重返非洲假说的证据。布罗肯希尔的头骨可能有近30万年的历史，并且可能属于所有现代人直系祖先的非洲类群。

这件棒状的化石（上图）一直被认为是科学史上最大的骗局之一。它发现于塞萨克斯皮尔当砾石采掘场。它被誉为早期工具，是证明猿和人类之间缺失环节的证据之一。事实上，它是一件赝品。故事发生于1912年，一名当地律师和化石猎人查尔斯·道森（Charles Dawson）向博物馆地质保管人亚瑟·史密斯·伍德沃德（Arthur Smith Woodward）展示了发现于皮尔当的较大头骨的一部分。之后的那个夏天，他们搜寻了原址，发现了一块类似猿的下颌骨（下图）。他们声称这些骨骼证明了人由猿演化而来，并经历了皮尔当人这一环节。两年后道森发现，这件棒状象化石被认为是皮尔当人的工具。直到1953年，新的测年方法以及分析方法揭示出这件头骨和下颌的历史还不到1000年。下颌属于猩猩，骨骼和牙齿经过染色看起来更老一些。这个棒具有明显现代钢制工具切割的痕迹。至少20个人被列入怀疑的对象。道森无疑是最有嫌疑的一个，他参与了所有的发掘工作。然而，在一个博物馆盒子中发现的切割及染色过的骨骼和牙齿材料指出，参与欺诈的人可能不止一个。科学家现在发现：人与猿之间并不存在一个简单的缺失环节，而是我们拥有一个共同的祖先。

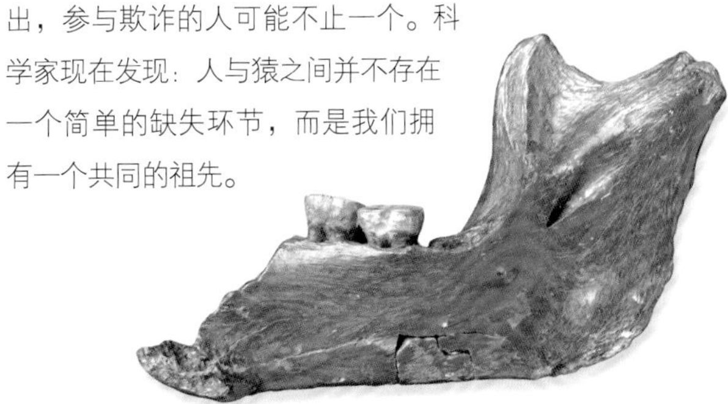

第一件鱼龙化石

这件标本目前被认为属于板齿泰曼鱼龙（*Temnodontosaurus platyodon*），它是史上第一件已发现的鱼龙化石。鱼龙是一类已绝灭的海生爬行动物，生存于2.4亿～1亿年前。这件标本由一位女性发现于1811年，这对于当时的科学界来说是一件不寻常的事。那位女士名叫玛丽·安宁（Mary Anning），她也是世界上第一位职业化石猎人。她以向博物馆、富人以及化石收藏者售卖自己的发现为生。安宁11岁时发现了几米长的头骨以及颈椎。当时，她正在位于英格兰南部莱姆里吉斯海岸家附近的悬崖来回踱步。她雇了几个成年人将这块化石发掘出来，以23英镑的价格卖给了地主亨里先生。亨里之后将它捐给了位于伦敦皮卡迪利广场的布洛克博物馆。那时，没有人能鉴定出它是什么，长长的吻部和牙齿像是鱼和爬行动物的奇特组合。因此，其原始科学命名——鱼龙（*Ichthyosaurus*）的意思就是像鱼一样的蜥蜴。布洛克博物馆1819年关闭后，馆内展品被拍卖，大英博物馆竞拍到了这件令人震惊的物品。有谣言称它在那时丢失。自从1881年自然博物馆可以参观起，这件化石就一直在南肯辛顿展出。

南极洲的树叶化石和木化石

这片叶化石碎片明确阐述了一个真理：自然万物不论大小都值得被珍藏。它由探险家罗伯特·斯科特船长在最后一次南极探险中收集。这片叶子被叫作冈瓦纳相舌羊齿（*Glossopteris indica*），是证明森林曾经覆盖南极大陆的较早证据之一。它被发现于南极洲中部的比尔德莫尔冰川，这证明了过去那里的气候比现在温暖得多。这片叶子是特拉诺瓦号考察到达南极点时采集到的众多标本之一。斯科特1912年抵达南极点时，他发现挪威探险家罗尔德·阿蒙森（Roald Amundsen）已早他一个月到达。失望不久转变成了悲剧，斯科特和队员在返程途中死于极度寒冷与饥饿。许多斯科特南极探险队收集的标本现在都收藏在博物馆中，其中包括8个月后在死去队员帐篷中发现的木化石（右图）。它可证明，南极洲曾经十分温暖。

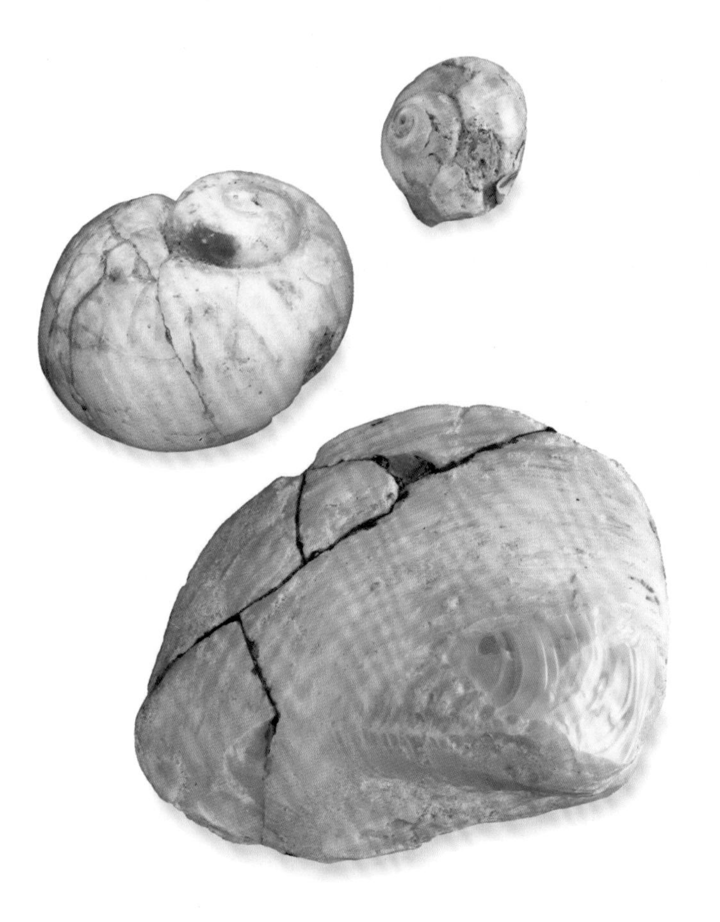

蛋白石化的蜗牛和蛤蜊

许多化石都呈暗色调的灰色或棕色，这些古老的蜗牛和蛤蜊壳却闪耀着彩虹般的七彩光泽。这是因为它们被保存在较珍贵的蛋白石之中。它们被发现于蛋白石的世界之都——澳大利亚南部城镇库伯佩迪。这个城镇的名字起源于当地词语Kupa Pita，含义为洞中的白人。这无疑是受到了蛋白石发掘者以及其家人过去经常、现在偶尔为躲避难以忍受的沙漠热度而在地下居住经历的启发。世界上绝大多数的蛋白石都出产于澳大利亚。在1.1亿年前的白垩纪时期，海洋覆盖了大约1/3的澳洲大陆。较珍贵的蛋白石在海水曾经到过的地方都有被发现。蛋白石在非常偶然的情况下取代了蜗牛和蛤蜊等海底生物壳中的碳酸钙。此类标本经过磨光会更加光彩熠熠。

古代两栖动物幼体化石

这件7厘米长的两栖动物幼体化石保存完好。它准确地向我们展示了现代青蛙和蝾螈的祖先3亿年前的模样，同时也证明了它们生活在水中。软组织几乎很少能保存在化石中，但是在这件标本上几乎全部的软组织都保存了下来。除了骨骼，你还可以看到这只两栖动物身体的轮廓、长尾巴的形状和眼球，甚至还能看到头骨后部鳃的微弱印痕。肿胀的身体表明：这只动物死后，其内部器官腐败、产生气体使身体空腔膨胀。成百上千的动物被同时发现，这被看作为集群死亡。当这些动物生活的池塘和湖泊逐渐缺氧时，它们就开始死亡。这个物种（*Apateon pedestris*）的第一件标本在19世纪晚期被鉴定出来。这件奇特的标本在1925年被德国的一家博物馆收购。与青蛙从蝌蚪向成体的变态发育过程不同，早期两栖动物的幼体与现代蝾螈和蜥蜴的幼体十分接近。我们将它确定为幼体的原因是它有着较为精美的外鳃。幼体在水下用外鳃呼吸，成为在陆地生活的成体时外鳃就会消失。腕骨和踝骨应在的位置存在着缝隙，说明这些骨骼还没有骨化完全。因此，幼体还不能支撑其陆地生活时的体重。

惠特比菊石

这块来自约克郡惠特比的菊石化石，一度被认为是蛇变成的石头。有时蛇头会被刻在化石上，这种化石作为蛇石而被广为人知。这些化石实际上是软体动物盘成圈的外壳。这种软体动物较接近鱿鱼或者稍远的蛞蝓和蜗牛。2亿~6500万年前，菊石是海洋中重要的捕食者。惠特比因菊石而闻名于世，以至于菊石16世纪或17世纪时成为这座城镇的标志。现在，菊石仍然是其城镇徽章的特征。甚至惠特比足球队——惠特比城镇足球俱乐部的饰章上还有菊石设计。

“菊石”这一名称源于其化石外壳与埃及阿蒙神公羊盘成圈的角在形状上的相似性。在中国，盘成圈的外壳常被比作角，菊石也被叫作角石。在古罗马时代，传说睡觉时在枕头下放一块菊石可以确保做好梦。

珍珠鹦鹉螺

这些平园裸菊石（*Psiloceras planorbis*）标本是英国最早的菊石。2亿年之后，你仍然可以看见壳闪烁着珍珠母的光泽。菊石壳上的珍珠母被如此完好地保存十分难得。壳中的封闭空间通常会被逐渐变硬的沉积物所充填。壳本身则会逐渐分解，留下一个内部铸模或者被其他矿物质所取代。这些菊石除了光彩照人，还作为威廉·史密斯的部分收藏被展出。它们可以说是博物馆最为重要的史前收藏，同样值得骄傲。这件标本由土木工程师、后成为地质学家的威廉·史密斯收集。史密斯还曾出色地绘制出第一张英格兰和威尔士地质图。这些化石是不是由史密斯亲自采集，难以确定。科学家之间会频繁交换、租借以及购买化石，以完善私人收藏。化石产地萨默赛特沃切特的标志还出现在史密斯的手写笔记中。

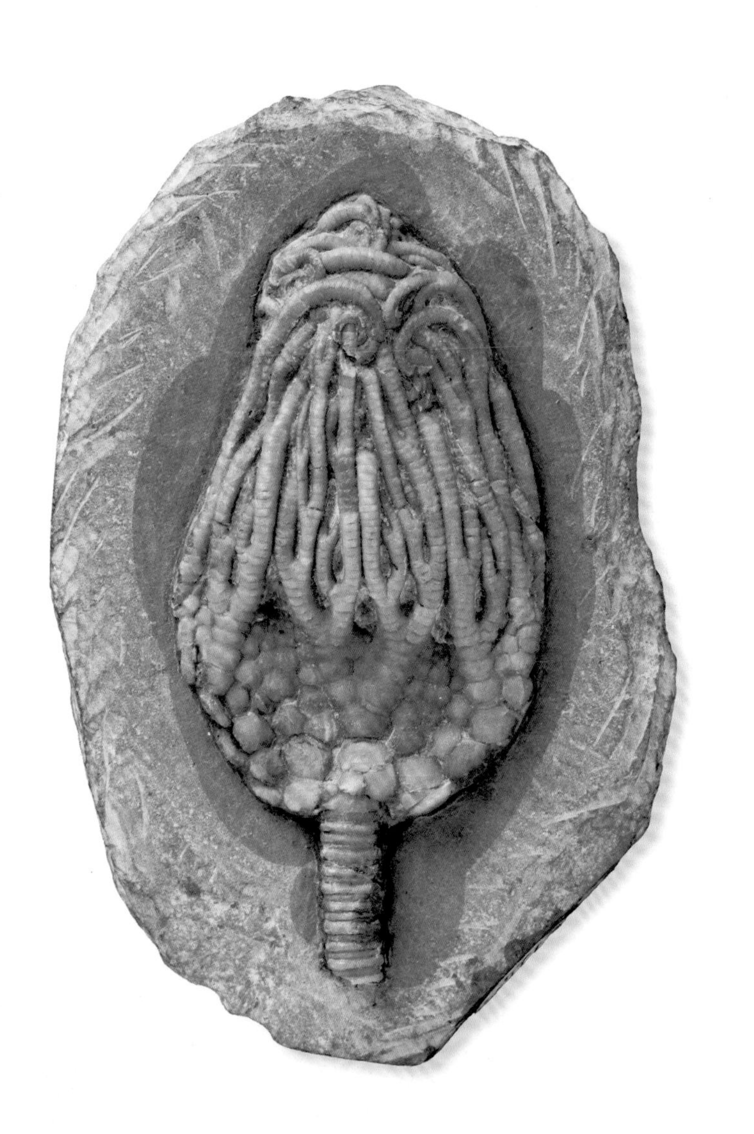

海百合

如此完好保存的海百合十分少见。如果细看这些保存在古老石头上的“工艺品”（左图），像是由大量硬币堆砌的粗壮茎干的详细构造和冠部分枝手臂的椎体仍清晰可见。除了外观，海百合根本就不是百合。它们甚至不是植物，而是一类与海胆接近的动物，只是名叫海百合。部分海百合的最佳标本被发现于英格兰、美国和瑞典。博物馆中有成百上千的海百合标本，但像左图那样迷人的极少。19世纪初，这件标本在英国中部偏西达德利的鸫鹩巢——英格兰化石最丰富的地点之一被采集。在大约4.2亿年之前的志留纪，达德利被一片热带海洋覆盖。现在灰岩山耸立之处那时是充满三叶虫、海百合、双壳类和其他生物的生物礁。700多种化石在此被发现，其中有86种在地球其他地区无分布。来自相对年轻的地质时期的海百合覆满了精美的厚石块（右图）。这些五角海百合（*Pentacrinus*）标本来自侏罗纪，大约已有1.9亿年的历史。

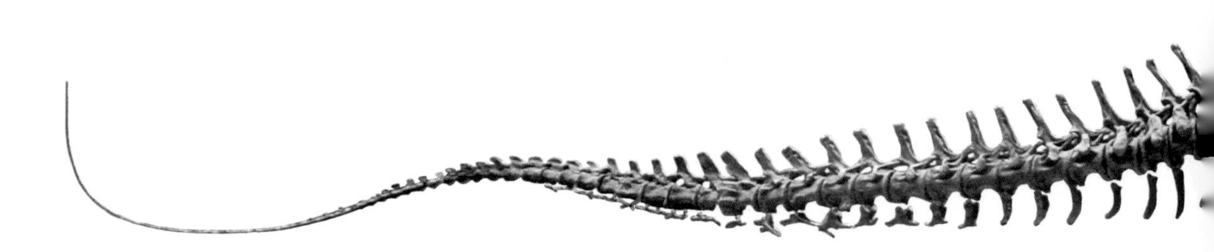

恐龙之牙

这些牙齿激发出了生物演化史上最为大胆的设想之一——巨大的爬行动物（后来被叫作恐龙）曾在地球横行。每颗牙齿大约都是桃状石块的尺寸，它们有着极其重大的意义。1822年，这些牙齿在英格兰东南部靠近刘易斯镇的公路旁被偶然发现。医生兼古生物学家吉迪恩·曼特尔的妻子玛丽·安·曼特尔（Mary Ann Mantell）在一片砾石堆中发现了这些牙齿。当时，曼特尔夫人正在陪同丈夫进行每日搜寻，但曼特尔没有认出它们。曼特尔把这些牙齿带到了爱尔兰皇家外科医学院，并将它们展示给专家塞缪尔·斯塔奇伯里（Samuel Stutchbury）。斯塔奇伯里认为这些牙齿与现生爬行动物鬣鳞蜥的牙齿最为接近，尽管它们比鬣鳞蜥的牙齿大了10倍。这条信息给了曼特尔正迫切需要的鼓励。曼特尔在之后的3年里精炼了自己理论：巨大的爬行动物曾经存在。1825年，他最终将这些牙齿命名为禽龙属（*Iguanodon*）并且发表了论点。博物馆首任馆长理查德·欧文，因“发明”这些恐龙而闻名。虽然曼特尔是鉴定出这些巨大爬行动物的第一人，但是欧文在1842年为三种奇特动物（包括禽龙在内）创造了恐龙这一词条，有效利用了曼特尔的重大发现。

梁龙骨架

这具昵称为“迪皮”的26米长的梁龙（*Diplodocus*）骨架是博物馆的标志，已经在博物馆展出了100多年。1898年，这种长脖子巨大蜥脚类恐龙的第一块骨骼被发现于美国怀俄明州。这条2米多长的大腿骨引起了出生在苏格兰的百万富翁安德鲁·卡耐基（Andrew Carnegie）的注意。卡耐基想要用这具骨架装饰他的新博物馆——匹兹堡卡耐基博物馆。卡耐基的古生物团队耗时3年多的时间以及投入1万多美金，最终发现了一具足够完整的骨架化石。为了彰显卡耐基的贡献，这件骨架被命名为卡耐基梁龙（*Diplodocus carnegii*）。卡耐基向不久就成为国王爱德华七世的威尔士王子展示了梁龙的图画。威尔士王子1903年访问美国，卡耐基向他提起了博物馆的完整骨架。王子立刻表示，自然博物馆会十分乐意展出它的模型。卡耐基随后同意出资制作一个复制品。这个复制品花费了18个月时间来制作，用了36个大木箱来搬运。1905年，在爬行动物展厅它的神秘面纱被揭下并大获赞扬。那时梁龙的尾巴常常停放在地面上，但是之后的研究揭下尾巴需要被抬高以与脖子保持平衡。因此，迪皮于1993年被重新装架，尾巴停放在空中（与现在中央展厅的姿势一样）。

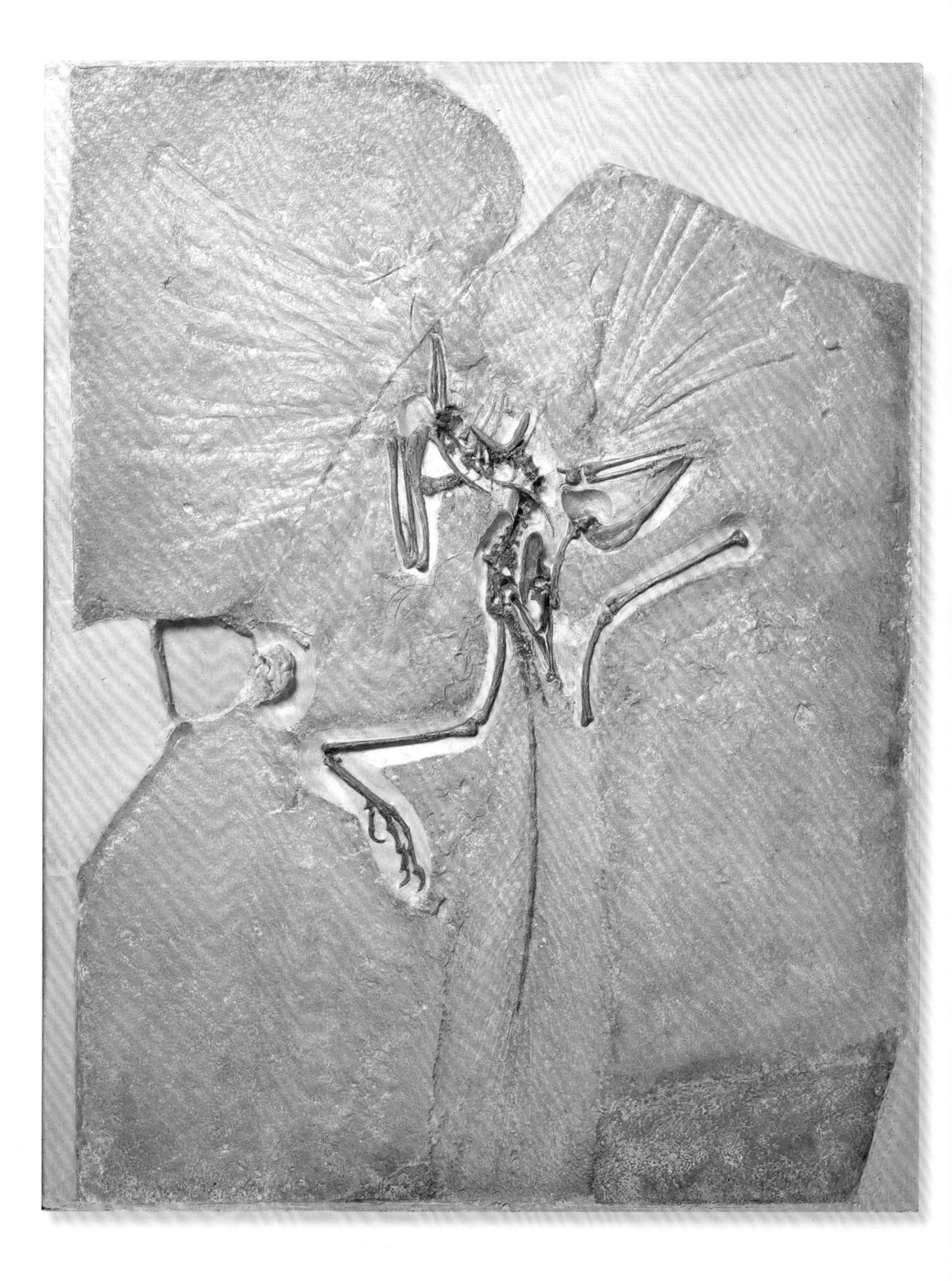

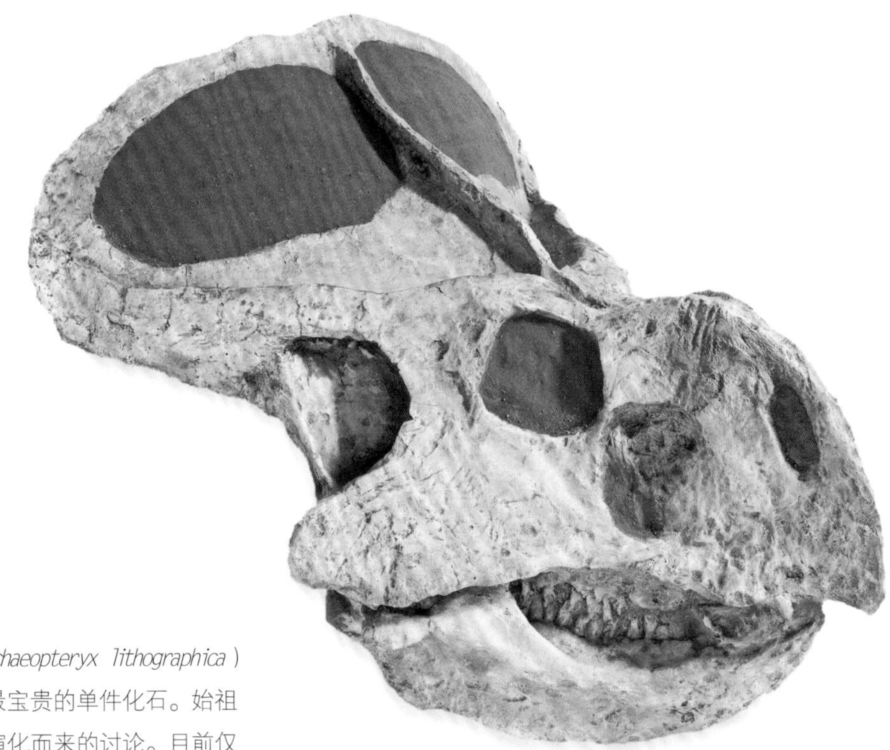

始祖鸟

印石板始祖鸟（*Archaeopteryx lithographica*）是博物馆全部收藏中最宝贵的单件化石。始祖鸟开启了鸟类由恐龙演化而来的讨论。目前仅有10件标本被发现，全部来自德国南部一小区域内的灰岩采石场。这种小型的食肉动物有现生鸟类那样的翅膀和羽毛，同时也有恐龙的牙齿、骨质尾巴和手上之爪。向外展开的翅膀以及精致的身体构造让发现它的采石工人认为，自己发现了一个保存在1.47亿年前泻湖精细泥岩中的天使残骸。博物馆首任馆长理查德·欧文意识到了它的特别之处，但并不清楚它意味着什么。幸运的是，欧文决定为博物馆从德国医生卡尔·哈伯伦（Karl Häberlein）手中收购这件标本。哈伯伦出售了2000件化石收藏用于制办女儿的嫁妆。

20世纪90年代，有人发现了能进一步表明恐龙演化出鸟类的证据。几种被认为是巨型鸟类的小型食肉恐龙在中国被发现，其中一些标本还覆着类似绒毛外衣的原始羽毛。

原角龙头骨

在众多恐龙头骨收藏中，最吸引人的可能就是这件嘴部带着精美的喙、头饰优雅的原角龙（*Protoceratops*）标本。这种恐龙生活在约8000万年前的白垩纪。这件熊身型大小的头骨被发现于中国之外唯一分布这种恐龙之地——蒙古。第一批在蒙古戈壁沙漠探险的古生物学家来自美国自然博物馆。20世纪20年代，罗伊·查普曼·安德鲁斯（Roy Chapman Andrews）担任探险队领队。当时这片区域由军阀控制，探险队开始探险时十分恐慌。车队在干旱沙漠中熄火、偶尔停下观察出露岩石以及向不同的骆驼商旅补充石油和食物时，探险队都保持着良好的视野。探险队原本打算寻找人类遗迹，但是不久他们就发现了出露地面的原角龙头骨。他们还发现了第一批恐龙蛋以及第一件迅猛龙（*Velociraptor*）标本。

三角龙

这是由原角龙演化成的物种，仅比6500万年前的白垩纪新生代大灭绝早了200万年。它是一种漫步穿梭于北美平原群居植食性恐龙。暴龙（*Tyrannosaurus rex*）因其锋利牙齿而闻名，三角龙因其有着有头饰的头和角而被人们所喜爱。有头饰的头和角无疑给三角龙提供许多防止捕食者攻击所需要的保护。尽管外表可怕，但有头饰的头和角多数情况是用于求偶以及领地展示而并非用于争斗。

顾名思义，三角龙面部长有3个角，眼眶之上的一对大角每只都达1米以上。虽然人们还没有发现完整的三角龙骨架，但是许多零散的标本整合拼成了这种令人畏惧的动物。体长大概达9米，头部至少占据了全身的1/4。1887年，第一块三角龙骨骼被发现于科罗拉多。最初连接头骨的额角还被误认为属于一头不常见的大型野牛。

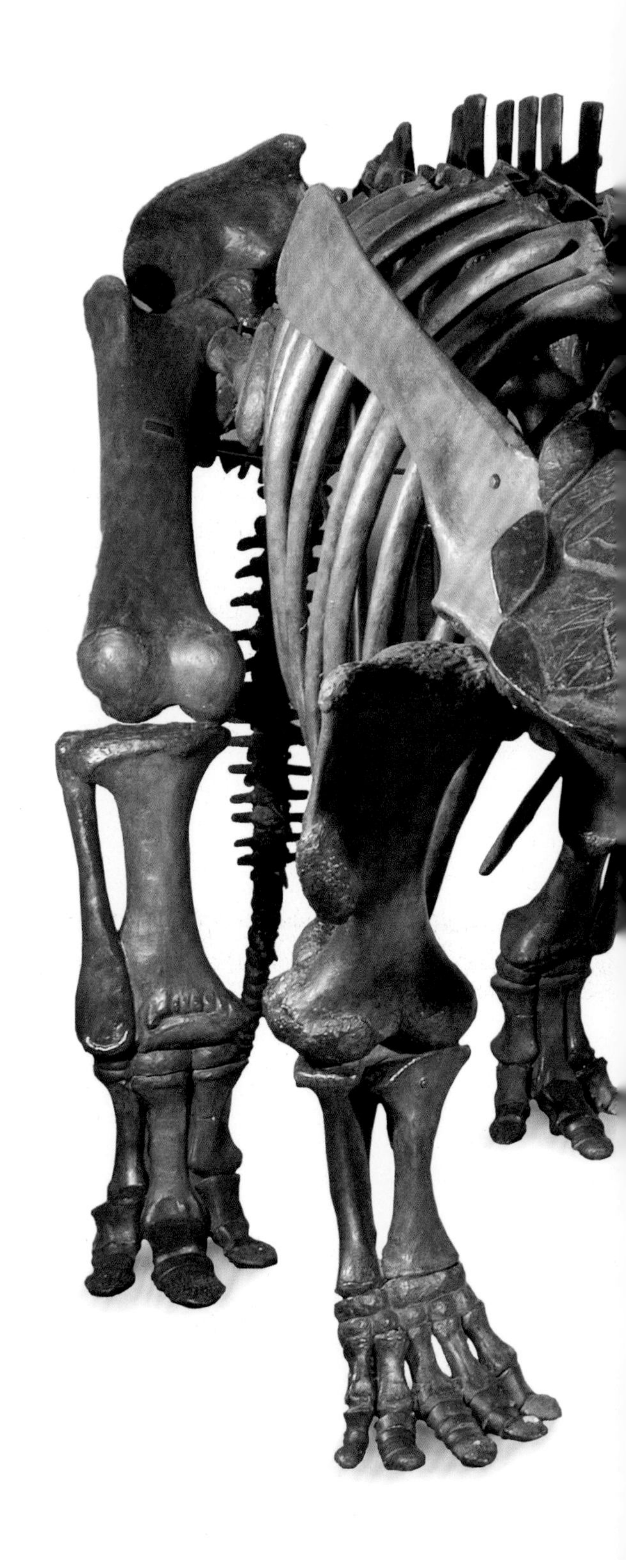

叶片化石

这片保存完整的杨树叶像被部分切割的网格，烙印在了石灰岩内。它被发现于德国厄赫宁根，在1400万年前的中新世时期被保存下来。它是博物馆收藏的20万件植物标本之一。所有的精美标本都在说明一个理论：如果条件合适，脆弱的标本仍然可以幸存下来。这片心形的叶片也许从树上跌落，飘落湖面，沉至湖底，覆上厚重的沉积物。湖底水流应该十分平缓，因此叶片看起来完整无缺。原始叶片唯一保存的部分是蜡质表层。蜡质表层与内部快速衰败的软组织相比，更有弹性。这件标本的价值不仅仅是美丽。研究气候变化的科学家通过观察化石叶片结构获得了早期气候变化的线索。例如，在较为寒冷环境下生存的植物常有锯齿的叶片边缘。附着于表面的气孔（叶片用于呼吸作用的小孔）越多，大气二氧化碳的含量就越低。

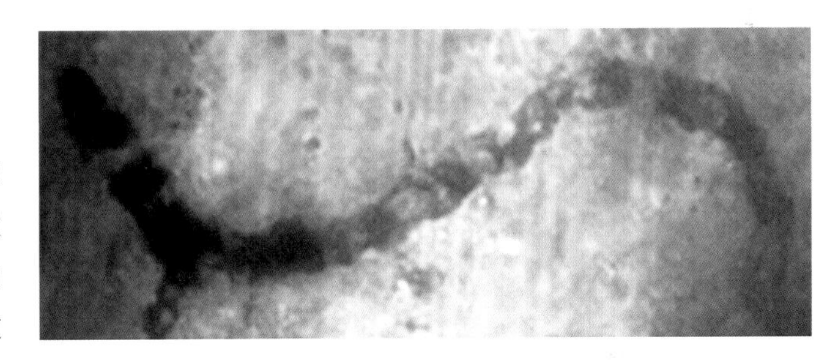

世上最古老的化石

这片来自澳大利亚西部、像薄脆饼的岩石，包含着颇具争议的世上最古老化石，它保存于令人吃惊的35亿年前。它们是地球早期的生命形式之一——蓝藻。因为在显微镜下其直径也只有5微米，所以它们很难被发现。1933年，科学家比尔·绍普夫（Bill Schopf）发现了这些微生物，当时他正在研究被称作顶部燧石的沉积物。绍普夫将岩石切割成比人类发丝还薄的薄片。他经过显微镜观察，惊奇地发现了这些微体化石。虽然诸如它们是否构成了早期生命此类的问题一直是科学家争论的焦点，但其年代已确凿无疑。顶部燧石的上下两层熔岩沉积物已经被定年：地球形成10亿年时，这些化石就已经形成了。

挑战者号的标本

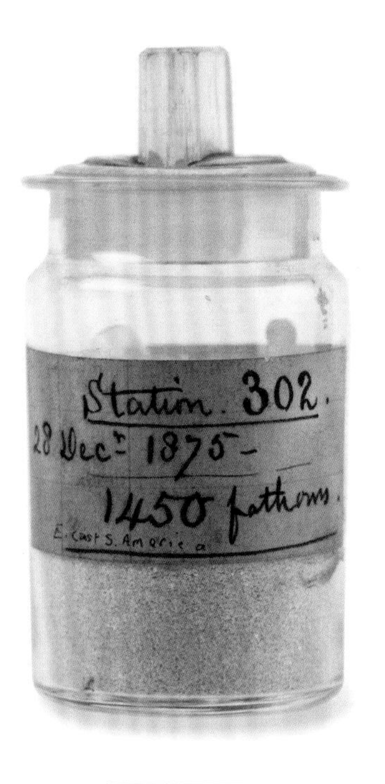

这些广口瓶和玻片来自于英国皇家海军舰艇挑战者号。挑战者号航行是人类首次调查海洋物理特性和生物特性的重要探险。它于1872年离开英国海岸线，开始了长达3年半的环球之旅。随船专家带回了数以千计的广口瓶、酒瓶、罐头以及试管，它们都装着洋底样品。干燥洗净的沉积物看起来与砂子十分接近，实际却是由数十亿微体化石构成的砂子、单细胞生物的微壳。当时，人们对大洋所知甚少。一些科学家甚至主张，海平面550米以下不存在生命。因此，当人们把遍及洋底的海底电缆抬起整修时，发现海底电缆盖满了微小的甲壳生物。这无疑激起了人们想要发现更多的欲望。挑战者号航行纵横交错、穿越大洋：从南美洲到好望角、南极洲，再到澳大利亚、斐济岛和日本，再次返回，记录下温度、洋流以及8000多米的深度。有关调查的报告出版了50卷。其中一些由博物馆出版，至今仍是可用的独一无二的宝贵财产。

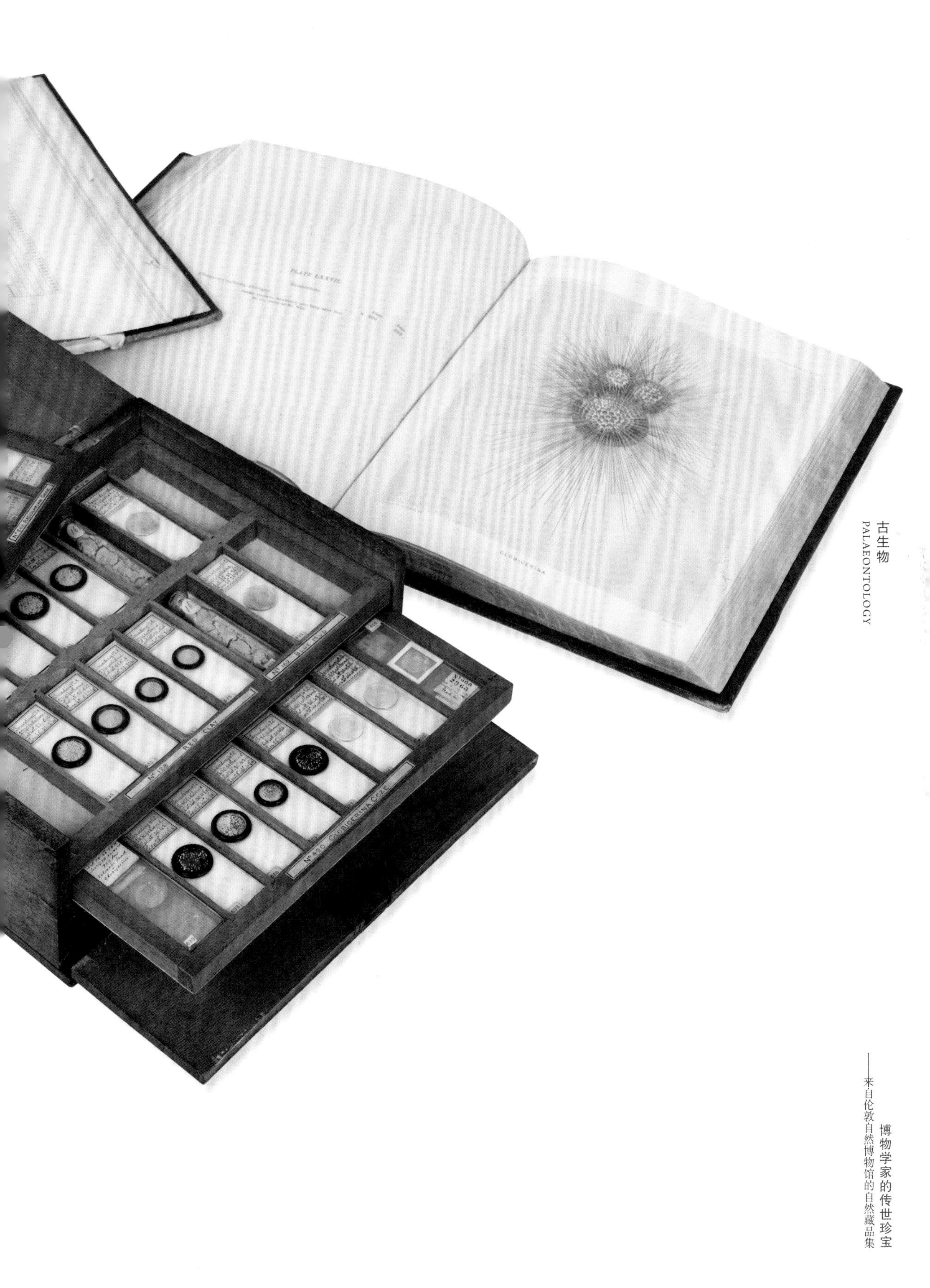

木化石以及巫毒玩偶

虽然博物馆展柜中有许多木化石，但是这件标本的独特之处就在于它可能承载着一个诅咒。2001年装着化石的木箱被打开时，符咒“bunga bunga gonnagetya”和象征危险的标志潦草地涂画在箱子内部，头骨下面叠放着两根交叉的长骨。一个南加利福尼亚人施加了咒语，以防木化石被偷走。当时，那个人遇见了一位科学家并赠送了化石，他又在木箱中放了一个有保护作用的巫毒玩偶。木化石本身十分常见，是来自非洲北部沙漠石化的棕榈树。这样的化石一般是1500万年前繁盛森林的残骸。这件标本附带一个便签：这个玩偶就是巫毒神罗寇，她掌管着药草和植物（尤其是树木）。要唤醒玩偶的灵魂，就要将玩偶与一只死亡一年的狗头一起掩埋，同时玩偶还要放在木化石旁边。

豆荚里的豌豆

古生物学家T. D. A. 科克雷尔教授（T. D. A. Cockerell）的植物收藏中有许多让人难以抵挡的珍宝，例如这件3400万年前蚀刻在北美科罗拉多岩石中不起眼的豆荚及豌豆。这件标本还是双胞胎之一。化石经常以两半的形式出现，两半分别被称为正模和负模。化石猎人砸碎石块时，岩石经常沿着弱的那条线开裂，这条线常常是化石镶嵌的地方。因此，有时每半都会出现化石印痕。科克雷尔拥有许多植物化石以及一些昆虫化石的两半。他慷慨地将一半标本捐给了大英博物馆，另一半则给了美国自然博物馆和科罗拉多大学。一旦伦敦的材料发生什么意外，科学家仍然能够研究那些在美国的对半材料。

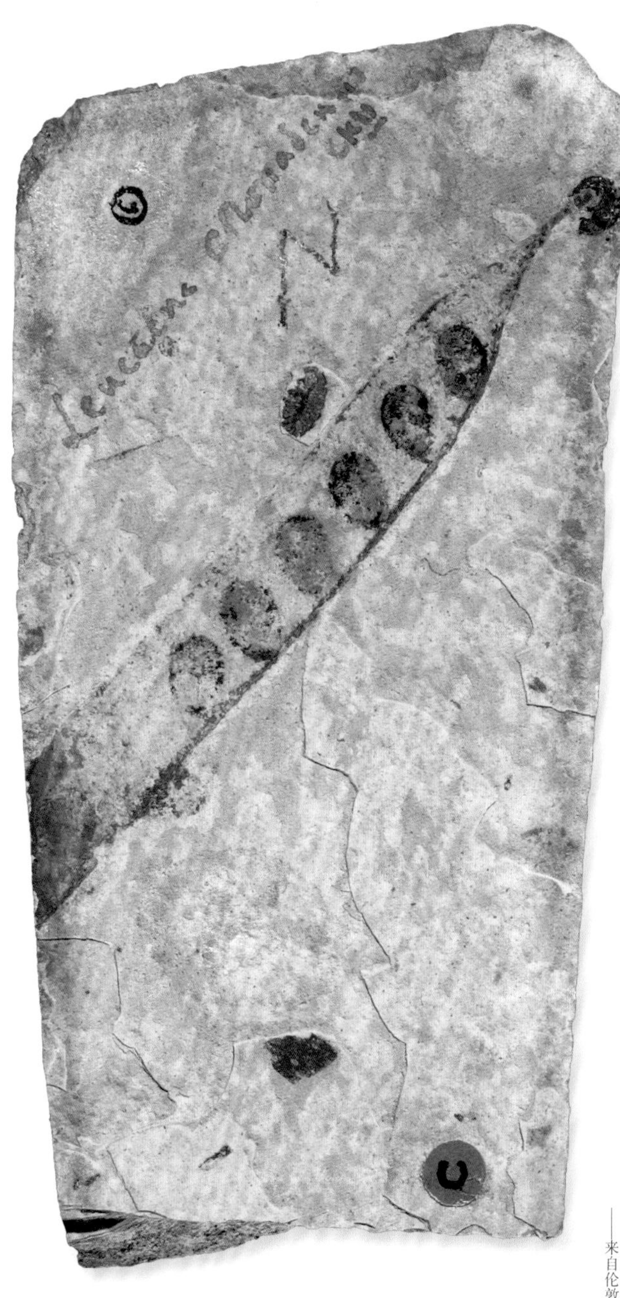

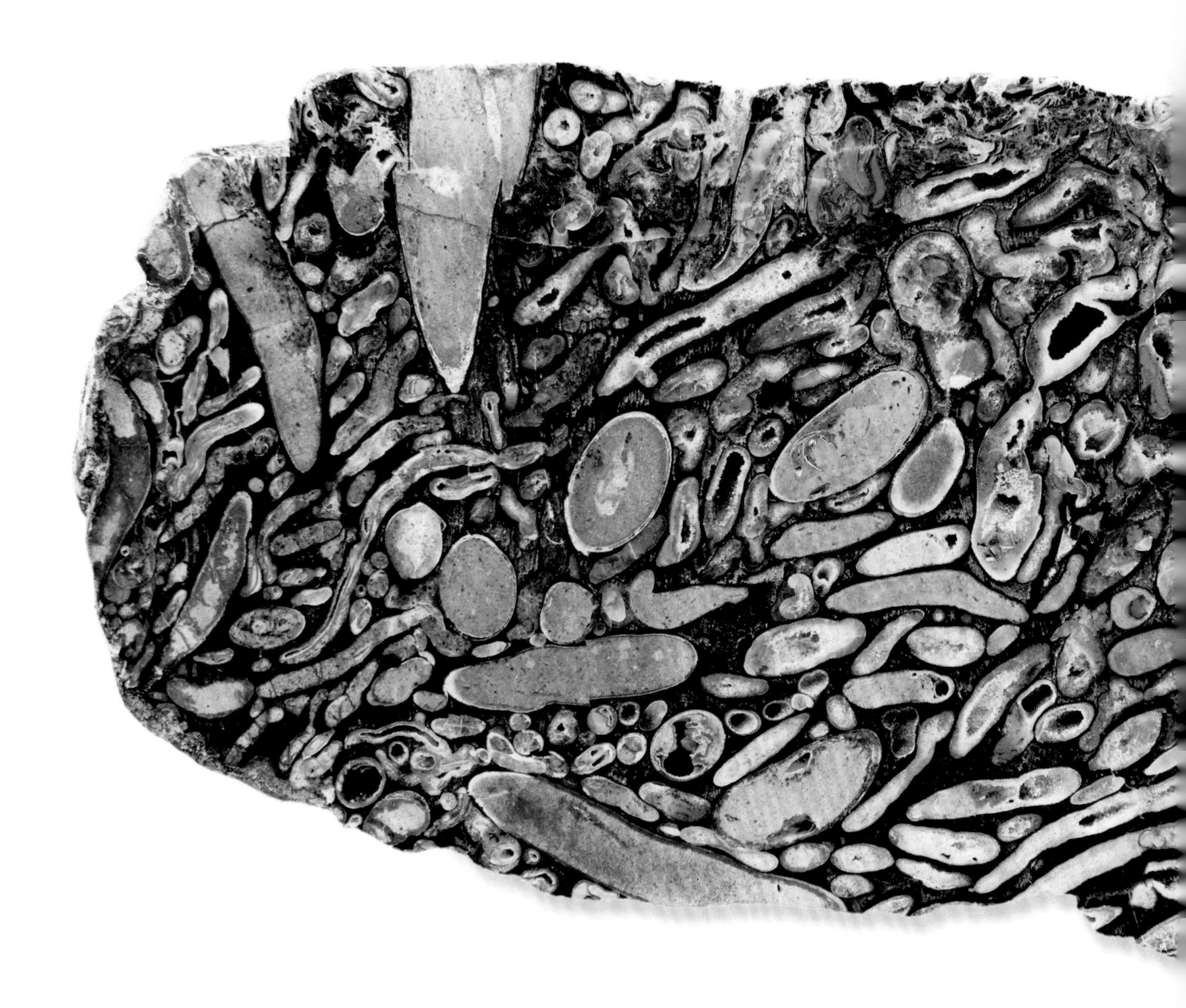

船蛆钻孔

虽然体型小，但船蛆可是一股可怕的破坏力量。它们对木材无节制的欲望摧毁了码头、桥梁，甚至战舰。这块木头在大约5000万年前被船蛆（*Teredo* sp.）所袭击。当时的英格兰被热带灌木丛所覆盖。这块木头漂进了有船蛆的浅海，最后沉入底部，埋在泥沙中保存下来。船蛆实际上是一种蛤蜊。它有着比小拇指指甲还小的壳，末端连着接近半米长类似蠕虫的身体。船蛆啃食木材，同时还会分泌出像硬壳一样的通道，将自己包裹其中。被船蛆严重侵蚀的材料几乎整体都会被大量纵横交错的管道所占据。

下面举例说明这种影响。如果没有船蛆，西班牙战舰也许早在1588年就已经成功侵入英格兰了。西班牙的船只布满了船蛆钻孔，这导致他们没能在英格兰的攻击和恶劣天气之下幸存。

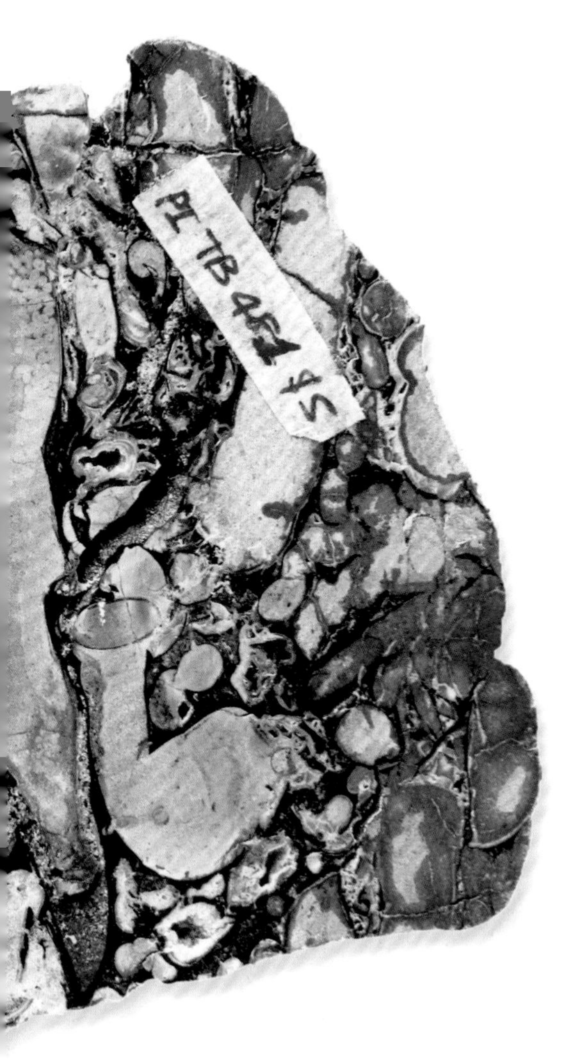

拖鞋笠贝

查尔斯·达尔文在智利收集了大量拖鞋笠贝。它们在达尔文小猎犬号航行（1831—1836）中带回的许多动植物中显得极其珍贵。达尔文不知道的是：50年后，一种拖鞋笠贝将会入侵英国，成为南部海岸线较为常见的壳类之一，让本地的牡蛎种群急剧下降。履螺（*Crepidula*）看起来像笠贝，实际上是一种蜗牛。有趣的是，它们可以在有12种生物的长生物链中生存，年幼壳小的在顶部，年长壳大的在底部。年纪最大处于底部的，最终死亡跌落。它们形成链状的机制还没有定论，可能是与交配机制有关。顶部的个体是雄性，中间的是雌雄同体，底部的是雌性。链状生存也许是为了确保附近有可以交配的对象，顶部的雄性为底部的雌性提供精子以繁殖后代。

伪造的啮齿动物骨架

这件令人好奇的小型啮齿动物骨架嵌在一块面包大小的石板上，还欺骗了19世纪最受人尊敬的科学家——理查德·欧文。这件标本是1843年C. 格林牧师（Reverend C. Green）送来的几件化石之一，格林牧师是一位精力充沛的业余古生物学家。格林说自己在诺福克海边发掘时发现了这些骨架，当时这些易碎的小个体都保存于泥中。欧文快速判定它们属于几百万年前啮齿动物的祖先类型，并选择了4件作为国宝收藏。但是，这些骨架不全是从地下挖掘出来的。牧师将来自于不同个体的零散骨骼粘在一起。它们比欧文猜测的年代要年轻得多。这也许原本就是一个骗局。更可能是，牧师为了向朋友炫耀劳动成果而将在悬崖附近泥土中挖掘出的骨骼拼装在了一起。欧文最终意识到了自己的错误，愤怒地将牧师的作品贴上了写有“不道德的欺骗”的标签，试图挽回一些颜面。

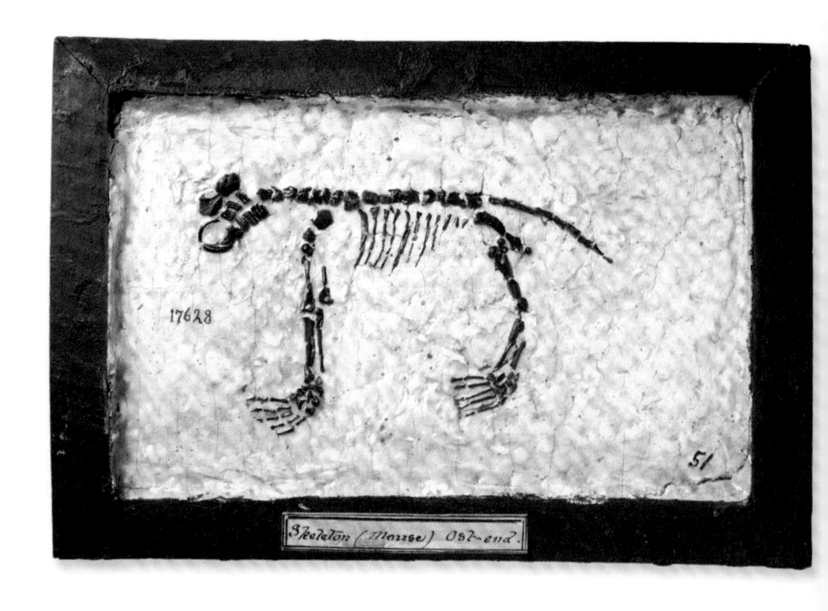

螺旋的秘密

这件大约3米长的螺旋岩石看起来像一只巨大的蜗牛，它被叫作恐蜗（*Dinocochlea*）。没人知道这个奇怪的东西到底是什么。它和几件类似的标本一同被发现于英格兰南部的东萨塞克斯距今大约有1.35亿年的岩石中。那片岩石还含有禽龙（*Iguanodon*）的骨骼。我们能确定的是恐蜗肯定不是蜗牛。它没有壳的痕迹以及生长的纹路，只是实心石头。通常来说，如果蜗牛壳填充了沉积物，外面的壳被腐蚀掉，那么里面就会留下壳的铸模并印有壳凸起的轮廓。这件标本却十分平滑。与蜗牛不同的是，其螺旋的圈层并不均匀，在一件标本上是同一个螺旋方向，在另一件标本上则是相反的旋向。它是不是一块粪化石，也许是恐龙石化的粪便或者是形状过于一致的粪便？它是不是一个螺旋状的潜穴，填充了几百万年前的沉积物？如果它是潜穴，可以容纳一个制造潜穴的大动物，那么就可以确定它是脊椎动物。目前来看，它仍然是自然界留下的秘密之一，等待进一步地科学研究来解开秘密。

石化的乌贼

全部石化的乌贼标本极少见。乌贼的软体部分常常快速腐败。只留下小小的触手倒钩，成为乌贼曾经在此生活的证据。这件美妙的古箭乌贼（*Belemnotheutis antiquus*）标本的身体和触手都完整无缺。它来自英格兰南部著名的威尔特郡牛津黏土沉积，距今大约1.6亿年。这件标本的标签已经遗失，它很可能在19世纪中叶被发现。当时，主要依靠双手挖掘以及有鹰眼的工人来发现这样的精品。

不幸的是，现在用重型机器进行挖掘致使化石常常被忽略。在牛津黏土层沉积时期，海床被细碎沉积物覆盖，死掉的有机物慢慢沉降。洋底是一片平静的低氧含量区域，也很少有捕食者进食这些残骸。动物的软体部分通常转换为磷酸盐矿物，那些矿物可能来源于腐败尸体释放的磷。因此，软体器官、触手，偶尔还有墨囊，都可以保存下来。

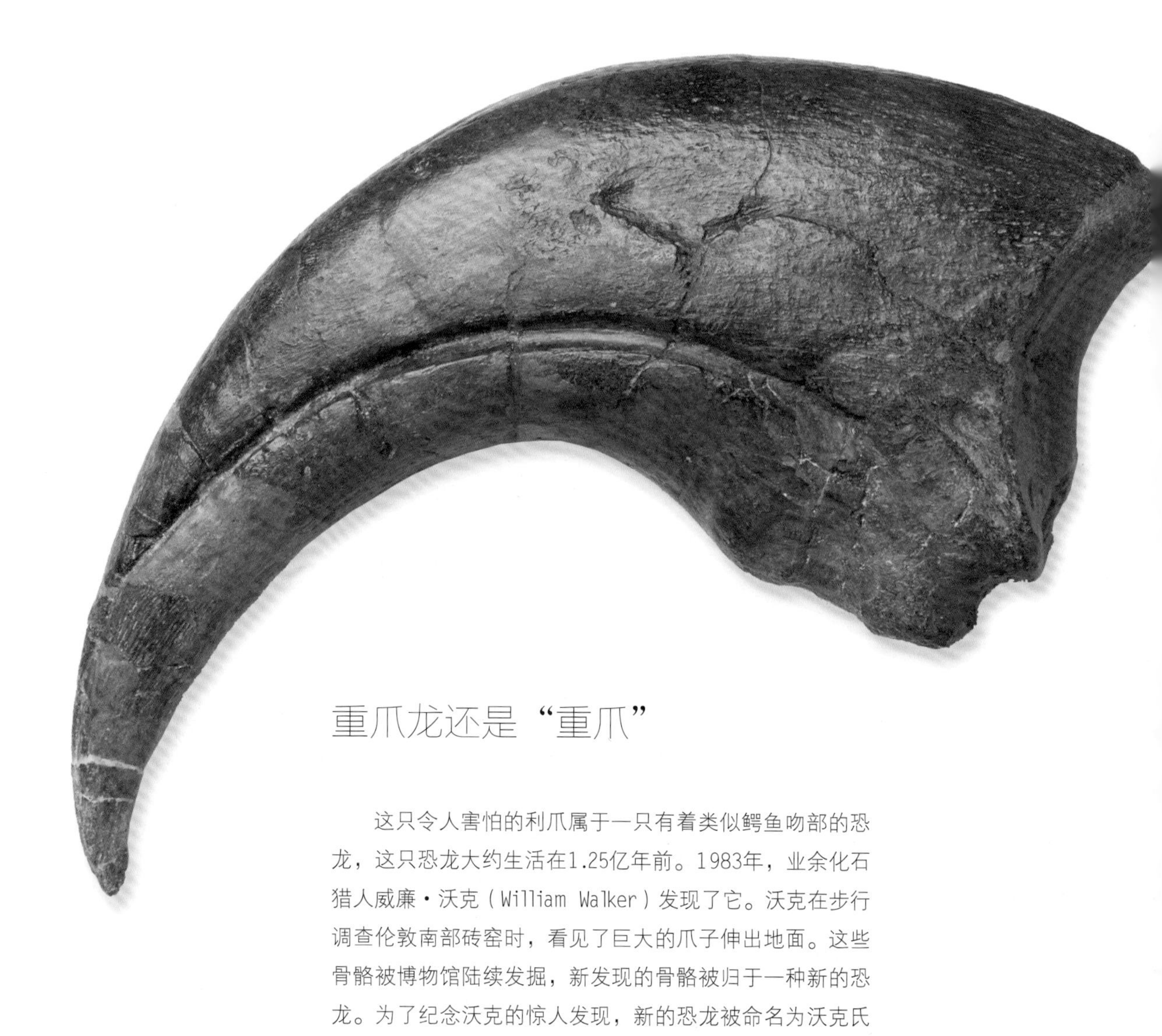

重爪龙还是“重爪”

这只令人害怕的利爪属于一只有着类似鳄鱼吻部的恐龙，这只恐龙大约生活在1.25亿年前。1983年，业余化石猎人威廉·沃克（William Walker）发现了它。沃克在步行调查伦敦南部砖窑时，看见了巨大的爪子伸出地面。这些骨骼被博物馆陆续发掘，新发现的骨骼被归于一种新的恐龙。为了纪念沃克的惊人发现，新的恐龙被命名为沃克氏重爪龙（*Baryonyx walkeri*）。下颌纤细，爪子巨大，它吃什么生存呢？锋利的牙齿边缘有着比其他肉食性恐龙更细小的锯齿，下颌勺状前部还长有更大的牙齿。鼻孔更靠后，不在吻部的尖端。这些特征都在强烈证明：重爪龙以吃鱼为生。前部的牙齿有助于重爪龙抓紧光滑的猎物，而靠后的鼻孔让它将吻部置于水下仍能呼吸。重爪龙意思为笨重的爪子。的确，它的爪子可以容下一个打孔机。在重爪龙胃部附近发现了鱼和一种小型恐龙的残骸，因此重爪可能被用于刺穿鱼类或者撕开尸体。

来自南非的似哺乳爬行动物

现在我们知道哺乳动物起源于古老的爬行动物。例如，犬颌兽（*Cynognathus crateronotus*）头骨就展示了介于两者之间的过渡类型。它生活在大约2.4亿年前的三叠纪，比恐龙的出现还早了将近2000万年。所有现代哺乳动物都是这些动物的后代，线索就是嘴。当时，其他爬行动物只有一种类型的牙齿，犬颌兽却像现代哺乳动物那样有三种类型的牙齿。三种类型的牙齿作用各不相同。前部巨大的门齿用于切割食物，成对的犬齿用于撕开刺进肉中，位于下颌后部的颊齿用于剪切食物。这些特化的牙齿以及面向前方的眼睛都在证明：这是一条向现代哺乳动物演化的路线。像犬颌兽这样具有哺乳动物特征的爬行动物一直在陆地上占据统治地位，直到领土被另一种更成功的爬行动物——恐龙所占领。恐龙存在的时代，哺乳动物只是个小群体，还可能夜间活动。恐龙在6500万年前灭绝之后，哺乳动物开始繁盛并且分化出我们今天见到的巨大变化的类群。

平齿鱼

这件侏罗纪的平齿鱼（*Dapedium*）标本十分罕见。它保存完好，所有鳞片和骨片都保留在活着时所在的位置。博物馆没有记录这件标本来自何处，但是有相似的标本发现于2亿年前的岩石之中并在英格兰南部海岸线多赛特来木镇附近出土。

平齿鱼身体厚重，背有长鳍和扇形尾。这些都在表明：平齿鱼是一个慢速却灵活的游泳高手。海水变浅时，它仍能在狭窄缝隙之间自由穿梭。小嘴和短下颌长满了钉状牙齿。这些牙齿被认为用于轻咬海藻和珊瑚的头部。平齿鱼是较早采取浏览式取食的鱼类之一。这向科学家证明了一种观点：浏览式取食习惯比猛地咬住猎物或者压碎贝壳取食习惯，更加古老。

平齿鱼的名字来源于希腊词汇，意为硬路面。这也在暗指厚重的菱形鳞片彼此紧密连接在一起，形成披覆身体、表面结实的保护层。其头部骨骼厚重，能抵挡来自捕食者的攻击。

可可鱼

这只恐鱼——伊斯曼鱼（*Eastmanosteus*）是最早那批用酸取出的化石之一。这种简单却颇具开创性的方法由博物馆的哈里·图姆斯（Harry Toombs）于1948年开发。图姆斯放弃用凿子费力地剥除鱼骨架周围的灰岩，而是把灰岩浸入稀释的乙酸（也就是醋）几个星期。围岩分解后，骨骼开始慢慢露出。所有骨骼被分离出来后，就可以用胶把骨骼粘起，以重建这种非比寻常的鱼。用酸取出化石的方法现已广泛使用。这种方法简单易行，按照这个步骤分离出的骨骼看起来还毫无损伤，因此化石的保存质量很高。伊斯曼鱼属于盾皮鱼的一个奇特种类。可可鱼是一种原始生物，其头部以及身体前部披覆着骨质盾板。它们曾经遍布全世界，大约3.55亿年前逐渐灭绝。科学家们仍然不能完全了解其灭绝原因。这件化石来自于澳大利亚一个名叫可可的地方，那里3.7亿年前曾是一片珊瑚礁。

披毛犀的牙齿

这颗披毛犀的牙齿与另外两颗牙齿，是哺乳动物化石收藏中最早期的发现。1668年，这些牙齿被博物学家约翰·萨纳姆（John Somner）发现于肯特郡坎特伯雷市附近的查塔姆。萨姆纳认为它们属于某种海怪。有这种猜想很正常，因为每一颗牙齿都有小孩拳头那么大。这件犀牛头骨化石有着加长的吻部、扩大的鼻孔和高高的枕嵴，确实会使人联想起龙的传说。萨姆纳还没出版结论就死于瘟疫，因此他的兄弟威廉接手出版工作。威廉印刷了《约翰·萨姆纳最新地面发掘出奇特骨骼的简报》一文。皇家科学院的大人物尼希米·格鲁（Nehemiah Grew）1681年见到这些牙齿时，他马上意识到它们属于一只犀牛。牙齿的加高边缘更便于从植物上切割下树叶，牙齿的扁平表面可以更好地研磨。直到1846年，博物馆馆长理查德·欧文才正确鉴定出这些牙齿来自于一只披毛犀的上颌。披毛犀与现生黑犀接近，只是披着厚重的毛发。披毛犀大约生活在气温寒冷的3.5万年前。

理查德·欧文的画像

作为自然博物馆建立的主要背后推动力，理查德·欧文在解释化石方面天赋秉异禀。他推断出了画中的恐鸟骨骼属于一种已灭绝的不会飞的巨型鸟类。这就是对其才能的精彩注释。欧文得益于解释骨骼的才能，收到了全世界探险者和科学家寄来的大量已发现标本。1839年，一位新西兰同行将一件末端切断、看起来像腿骨的标本寄给欧文。虽然骨骼只有15厘米长，但欧文很快就推断出它属于一种已不存在的奇特生物。他根据蜂巢状骨质和中空的事实猜测这件标本属于一只鸟，但其尺寸又显示这种鸟可能太大而飞不起来。欧文总结："据目前对于骨骼碎片的理解，我愿意以我的名誉担保，新西兰曾经存在过一种现已不存在的接近鸵鸟的鸟，否则这种鸟的大小不会与鸵鸟的大小如此一致。"

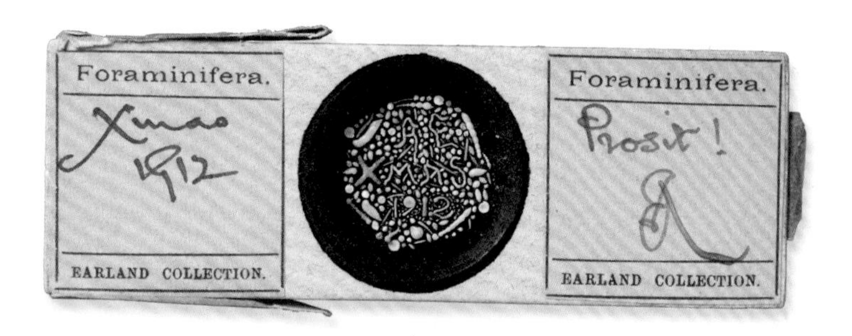

赫伦-艾伦有孔虫显微玻片

这两条迷人的圣诞节祝福是用微小的贝壳拼写而成的。祝贺不仅需要可实现的艺术技巧，更需要各种精心挑选的贝壳。每只贝壳都由微小的单细胞生物有孔虫制成，最小的有孔虫不超过砂粒大小。贝壳形状各种各样，细线状、螺旋尖状、圆球状以及星状。每种贝壳都有自己的名字。爱德华·赫伦-艾伦（Edward Heron-Allen）与其他科学家交换了圣诞卡片。上图玻片首字母A E代表亚瑟·伊尔兰德（Arthur Earland），伊尔兰德有段时间曾是赫伦-艾伦的科研伙伴。下图玻片有赫伦-艾伦名字的首字母以及玻片制成的时间：E H A，1909年。赫伦-艾伦花费了大量时间在博物馆研究有孔虫标本以及管理藏品。他也购买其他私人收藏作为补充。他收藏了成百上千的玻片，有的仅是一只有孔虫，还有的有上百只。赫伦-艾伦在其他方面也很成功：他会讲土耳其语，翻译波斯语，练习占卜术，还是一位杰出的音乐家，甚至还制作过两把小提琴。

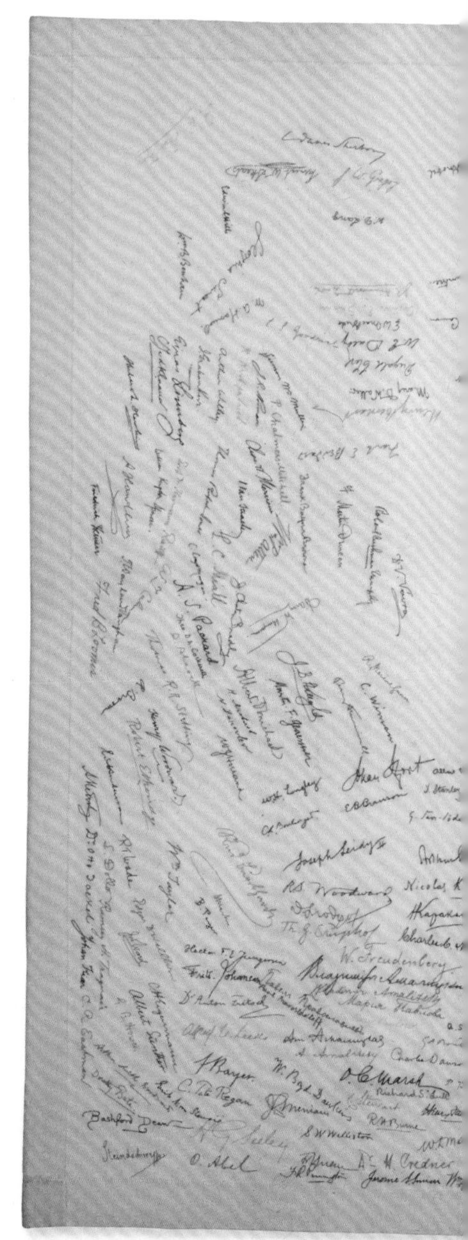

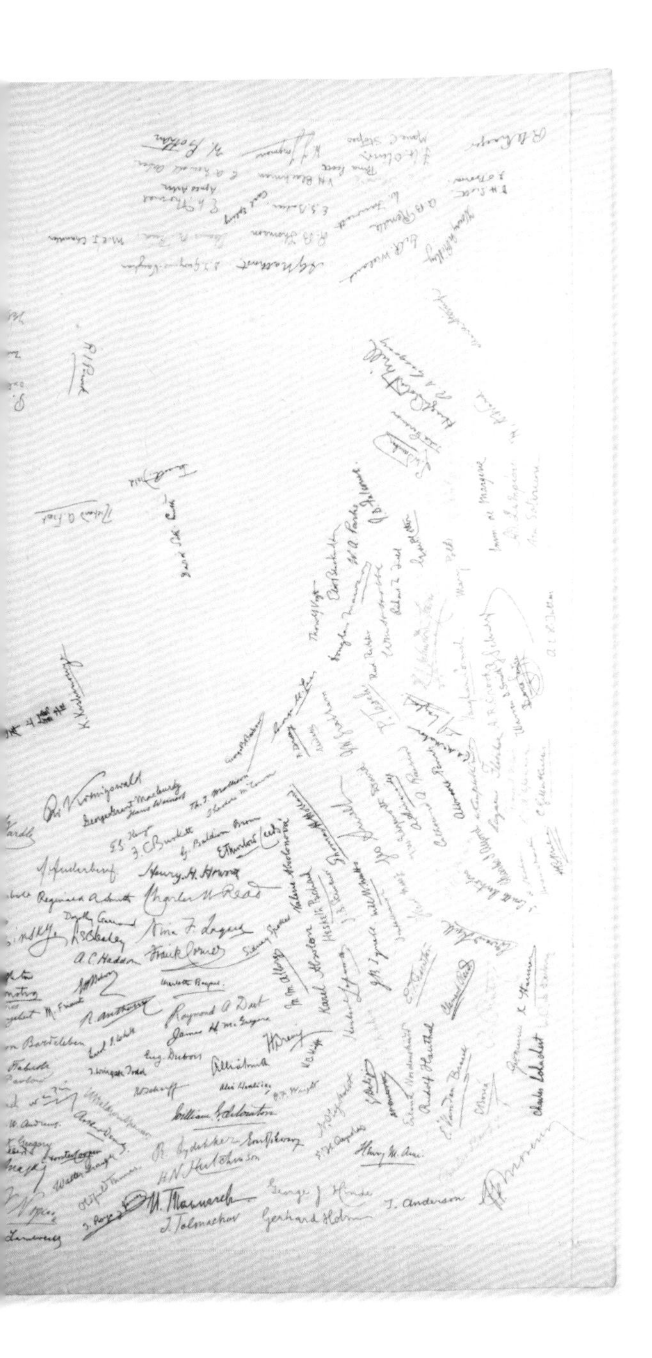

伍德沃德的桌布

这块一米见方的桌布比访客记录簿更让人印象深刻，所有在亚瑟·史密斯·伍德沃德先生房间中用过餐的科学家的刺绣签名都在其上。伍德沃德是一位杰出的英国古生物学家。1901—1923年，他担任博物馆地质部的保管人。他的妻子莫德（Mand Woodward）制作了这件辛酸的纪念品，记录下了他们50年婚姻中的热情好客。1986年，他的女儿玛格丽特·霍奇森（Margaret Hodgson）出钱将这块桌布装裱起来并将它作为哀悼礼物献给父亲。桌布上大概有来自于世界各地的350个签名。在飞机出现前，观光者要乘船旅行几周才能到达伦敦，奖赏是在漫长的聚餐时间中可以加入科学以及世界大事的辩论。其中就有闻名世界的中国古脊椎动物学之父——杨钟健先生和现在学生们仍在使用的著名解剖教材的作者——阿尔弗雷德·罗默尔（Alfred Romer）。吃甜点时，奥塞内尔·C. 马什（Othniel C. Marsh）会讨论什么呢？也许是那个不出名的“骨头战争”：马什与爱德华·科普（Edward Cope）之间那段苦涩的长期争斗仅是为了确定谁能在北美发现最多的恐龙骨骼。

猛犸象头骨

这是目前在不列颠发现的唯一一块完整的草原猛犸象头骨。它属于一种大型象大小的生物。令人敬畏的门齿向前伸，有两米长。毫无疑问，它是博物馆中最令人印象深刻的标本之一。1864年，博物馆脊椎动物化石的负责人被召至伊尔福德的埃塞克斯，协助发掘了这件标本。巨大的头骨掩埋在5米或者更深的黏土和砾石坑中，最不同寻常的是它居然完整无缺。猛犸象像今天的大象一样，会移动死去同类的骨骼。这只猛犸象应是死去后迅速被自然掩埋，它可能跌进河中。它起初被认为是披毛的猛犸象。但我们现在认识到了它不是，尤其是看到它的牙齿时。披毛的猛犸象长有适应冰河时期环境的牙齿，牙上有许多珐琅质的脊可以用于研磨粗糙的多草植物。这个生物牙齿的脊较少，因为它的食物是乔木和灌木。它生活在大约20万年前的温暖的间冰期，也许它的毛比冰河时期披毛“表亲”的毛更少。

侏儒象的牙齿

这颗侏儒象的牙齿被放在正常尺寸牙齿旁边，由多萝西娅·贝特（Dorothea Bate）于1901年发现。贝特是一位无所畏惧、异常出色的古生物学家，给博物馆捐了许多标本。在那个时代，科学圈内性别歧视十分严重。1928年之前，女性甚至不能向博物馆提交工作申请。但就是在戴着帽子、穿着裙子、没有男性保护的条件下，贝特仍然成为在塞浦路斯、克里特岛、马耳他以及西西里岛的边远石灰洞挖掘化石的第一人。这些洞穴的探险揭示出50万年前在那生活的象、犀牛和鹿类中出现的独特侏儒化现象。之后，贝兹的贡献得到了表彰。虽然科学家已了解岛屿的侏儒化现象：体型较大的生物因为食物匮乏以及捕食者缺少而演化出较小种类，但是贝特的发现仍极大地促进了岛屿侏儒化的确证。这颗牙齿的主人与一只大狗的体型相当，但是其祖先可是10吨重的庞然大物。尽管它小得多，但二者形状的显著相似仍值得注意。

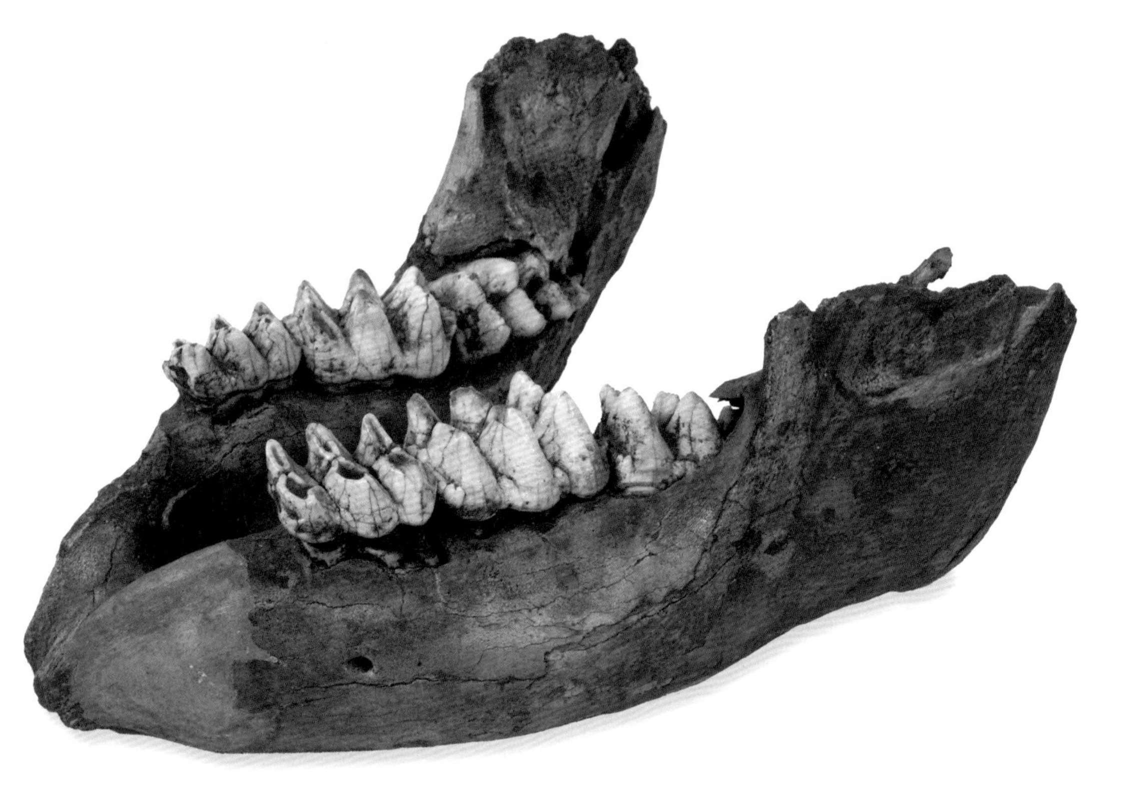

科赫的乳齿象下颚

1841年，伦敦市民成群结队地前去观看这颗乳齿象牙齿和其他巨大骨骼。它们正在来自美国的出色巡回展览中展出。巨大的头骨、下颌和骨骼都属于一个绝灭的大象近亲。这些骨骼在圣路易斯博物馆的阿尔伯特·科赫（Albert Koch）在密苏里州波姆德泰尔河岸工作之前，就已被发掘出来。当科赫见到这颗牙齿时，他就知道会有一群人乐于见到它。挖掘骨骼结束后，科赫把它们带到路易斯维尔。在那里，工作人员组好了4米高完整骨架的最重要部分。它被命名为*Missourium theristrocaulodon*。因为由不同个体拼装而成，所以它比实际应有的体型更大。参观之人数以千计地涌来。当展览到达伦敦时，时机正好。仅在几个月前，理查德·欧文创造了恐龙这一词条，随后就有了巨大骨骼化石的发现。如此巨大的骨头正在流行。展览在皮卡迪利大街上进行了18个月，从早上9点到晚上10点。展览原计划在欧洲巡展，但英国政府对这些骨头十分感兴趣，它们为整个演出带来了2000美元的收益。现在，这些骨骼保存在南肯辛顿的橱柜中。

最古老的昆虫化石

这些下颌属于目前已发现的最古老的昆虫，保存在大约4亿年前的岩石中。这些化石多年来一直被忽视，但是它们揭示了一个猜想：带翅膀的昆虫也许比猜想的早飞行了8000万年。

一只动物碰巧在正确的地方、正确的时间死去才有可能变为化石。对于受过训练的眼睛来说，保存下来的化石碎片也能揭示很多。1928年，这些下颌被鉴定出属于希尔斯蒂莱尼虫（*Rhyniognatha hirsti*），但是部分标本被严重忽视了。直到2002年两个美国科学家前来研究这些昆虫化石藏品，它们的真正价值才被发掘出来。那两位科学家发现这些下颌十分先进，与有翅昆虫的下颌十分接近。在此之前，最古老的已知飞行昆虫化石来自于大约3.2亿年前。尽管这件化石没有翅膀保存下来，这个下颌证据仍然足以改写昆虫演化历史。

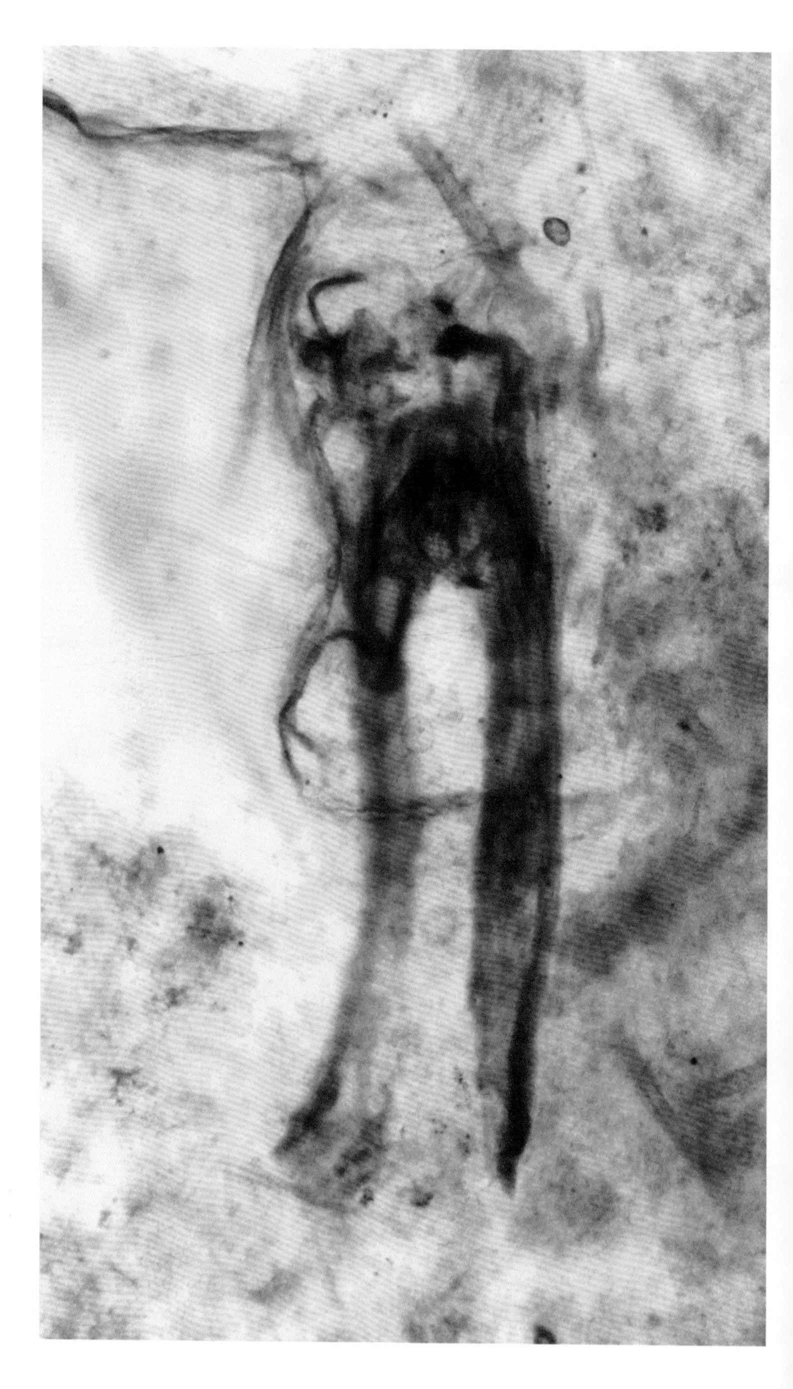

琥珀中的昆虫

这只2厘米多长的昆虫不仅是琥珀藏品中的最大昆虫，还是这个种已知的唯一标本。更为重要的是，研究出它确切属于什么种多用了100多年的时间，进行了大量研究。1892年，这只昆虫，从一家以波罗的海海岸线为基地的琥珀矿公司来到了博物馆。这家公司向各种各样的企业（主营船舶涂漆、化妆品和焊接材料等的企业）出售琥珀和琥珀油，还建立了自己的琥珀博物馆。直到1957年，才有人开始研究这只昆虫，并将其鉴定为某种蜻蜓。蜻蜓只有两个科，2000年这只昆虫被归入其中一科。

几年后，一个学生研究它时，情况发生了转变。这个学生对这只昆虫进行了一年的检查，不放过每个细节，从翅脉的模式到微小的足部结构。他意识到这只昆虫与任何现生昆虫都不同。科学家也表示赞同：虽然它与现生蜻蜓的两个科有许多共同特征，但有足够的差异可以证明这只昆虫属于完全独立的第三科。这种昆虫现被命名*Cory dasialis inexpectatus*。

雕齿兽

比一头幼象还大的丝状雕齿兽（*Glyptodon clavipes*）是冰河时期哺乳动物中披覆盔甲最多的动物，它长有巨大骨质穹壳。这只现生犰狳的近亲从头到脚可达3米长。雕齿兽移动缓慢，生活在美国和墨西哥南部的泥泞沼泽里。它在泥浆中打滚，取食植物，1万年前灭绝。壳是其最显著的特征，大约2000片小骨板构成了壳。每片骨板大约有3厘米厚，融在一起形成与众不同、令人恼火的保护。如果壳还不足以制止捕食者，雕齿兽可能会摇晃棍棒状的尾巴，发挥它赶走捕食者的作用。尽管不能像近亲犰狳那样蜷缩起来，但雕齿兽能把头缩进壳里免受攻击。

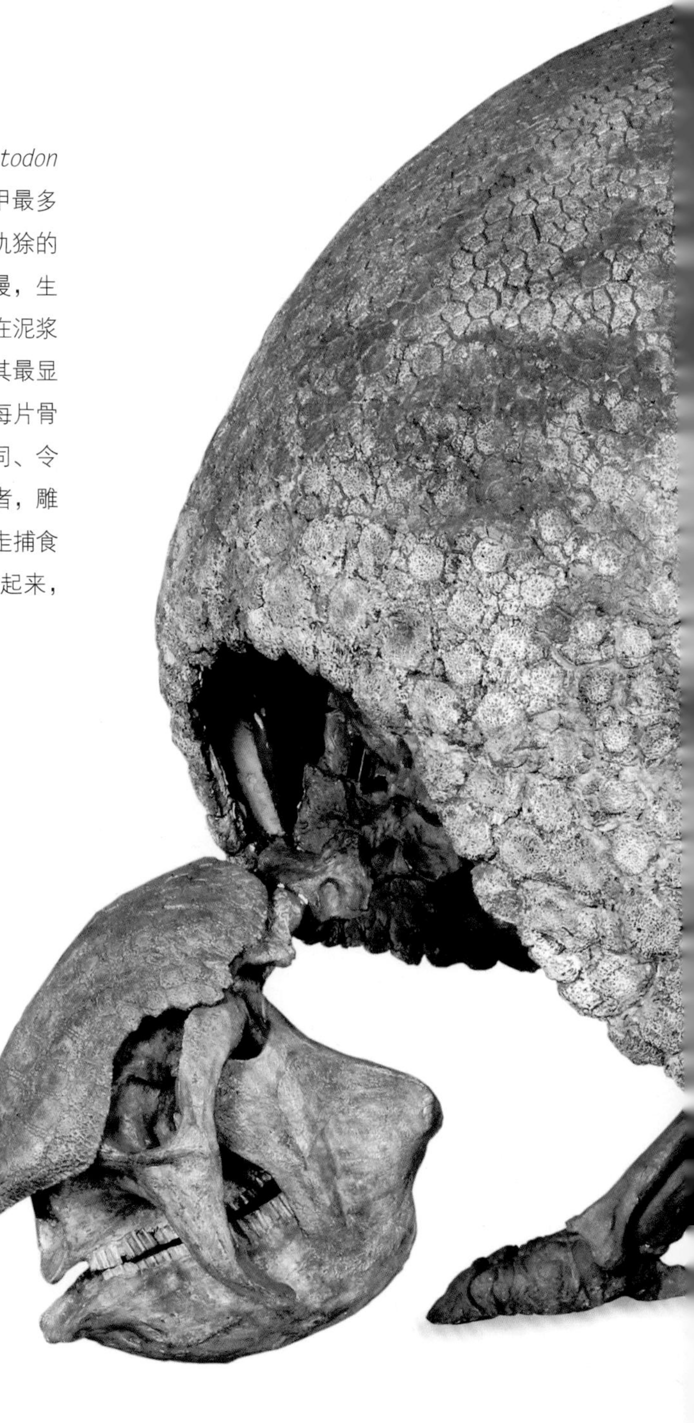

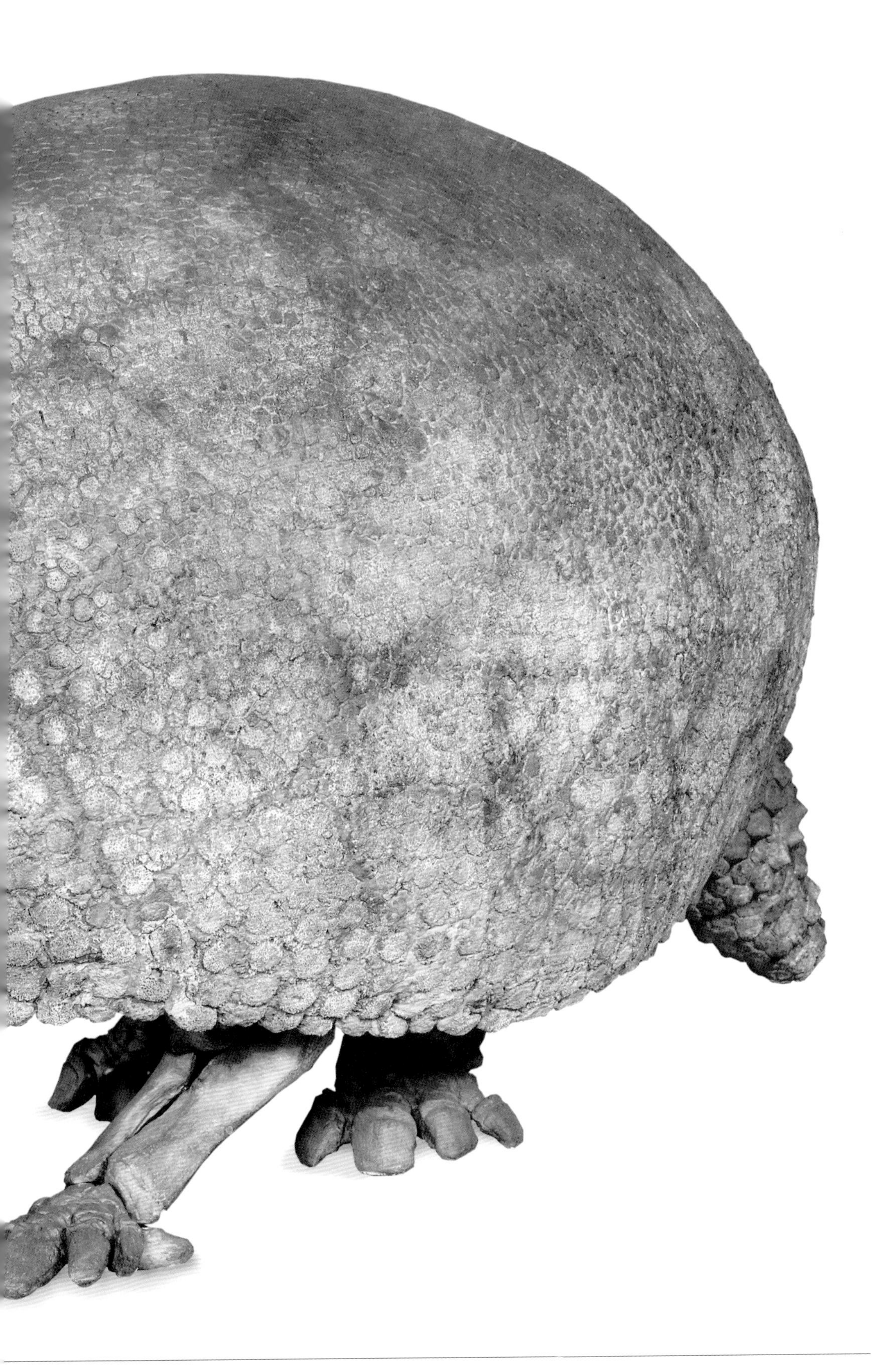

最古老的螃蟹化石

这件化石长3厘米，仅比拇指指甲稍大，是目前已知最古老的螃蟹化石（原蟹未定种，*Eocarcinus* sp.），19世纪被发掘于格罗斯特郡。它生活在1.8亿年之前，那时英格兰南部这片区域被浅海覆盖。尽管1.8亿年看似很古老，螃蟹化石被发现是近年的事。它们属于节肢动物门。这种巨大的类群包括昆虫、蛛形类、甲壳类以及所有身体分节的动物。节肢动物被发现于5.5亿年的岩石中，螃蟹大约在3.5亿年后由类似对虾的生物演化而成。最初的螃蟹比较小，现生最大的螃蟹——日本蜘蛛蟹的身体可覆盖整个餐盘，腿长接近2米。

中鲎化石

这件中鲎（*Mesolimulus*）化石令人印象深刻。它有40厘米长，大概与一只小猫体型相当，保存完好。大约1.5亿年前，披覆盔甲的所有细节都被德国索罗霍芬泻湖相的纹泥层捕捉到。索罗霍芬区域产出了一些闻名世界的化石。博物馆藏品中最为珍贵的单品化石——始祖鸟（*Archaeopteryx*）就在其列。这片区域的化石可以立刻被识别出来，因为那些精美的细节被保存在平滑灰的黄色石灰板之中。鲎已经存在了4.7亿年，比恐龙还早得多，最早期的种类只有1~5厘米长。鲎因其保守的身形和漫长的演化历史，而被称为“活化石”。至今，人们已经发现有四种鲎存在，它们沿日本、东南亚、美洲东部和中部的海岸线分布。

塔眼三叶虫

这种奇特的三叶虫（*Erbenochile*）仅有几件完整标本被发现，最好的标本来自摩洛哥阿特拉斯山。这件标本大约有一只核桃那么大，博物馆2002年购自一个化石商人。把这件标本从围岩中发掘出来花费了令人难以想象的技巧和耐心，还在显微镜下使用了空气研磨剂和钻头。许多棘被迫被切穿，移除周围的石头后再小心翼翼地把棘粘回去。三叶虫是生活在3亿年前古海洋里的出色猎手。它们是较早演化出复眼系统的生物之一，这种塔眼三叶虫就是个绝佳的例子。头部两侧看起来像塔的结构是其巨大的眼。巨眼由上百只微小的晶状体构成，提供360度视角。眼睛顶部的脊可能有某种遮阳的作用，这表明它在日光下依然能十分活跃。

杜德利蝗虫胸针

这件维多利亚时期非同寻常的胸针是只镶嵌在黄金中的抛光三叶虫，1960年被贝格小姐当作传家宝捐给博物馆。收集化石珠宝是一种后期衍生出来的爱好，曾在19世纪中叶十分流行。4.25亿年绝灭的节肢动物可能比寻常的钻石和珍珠更有吸引力。尽管博物馆收藏中有数以百计的三叶虫标本，但唯有这件是珠宝的形式。尽管如此，北美原住民的珠宝中还是有三叶虫被发现。传说这些三叶虫有助于治愈白喉、喉咙痛等疾病，还能保护佩戴者免于枪击。与现在的节肢动物一样，三叶虫被厚重的外骨骼所包围，多次蜕壳慢慢长大。三叶虫与今天的鲎区别较大之处在于：大多数三叶虫贴着海底匍匐爬行，还有些三叶虫和浮游生物一起漂流或积极游动。三叶虫有几千种不同的种。标本中的这只三叶虫属于*Calymene blumenbachii*，发掘于英格兰中部地区西部杜德利的灰岩礁沉积物之中。

巨大的鹿角

这对壮观的鹿角属于一只曾经存在、现已绝灭的最大的鹿——大角鹿（*Megaloceros*）。大角鹿体重可达40千克，跨距3.5米。大角鹿也被称为爱尔兰驼鹿，曾经横跨欧洲和西亚，约8000年前灭绝。成年大角鹿可以长到2米高。这种令人印象深刻的动物成为猎人的目标，末冰期的气候变化也加速了其灭绝。大角鹿和现代鹿一样，只有雄性长角。角是头骨的骨质延长，

每年角都会脱落以便来年长大。这些战斗武器要耗费大量能量来维持生长，因此鹿类取食白垩质低地的富钙植物以构建骨骼。大多数的大角鹿化石被发现于爱尔兰的泥炭沼泽之下，泥炭中发现的化石通常会被染成黑色。最新的研究让我们可以从化石中提取少量残存DNA，进而证明大角鹿与现代黇鹿亲缘关系较近。

马达加斯加狐猴

马达加斯加狐猴因其令人难以置信的多样性而闻名，同时也因其悲剧性的灭亡而闻名。在过去2000年里，狐猴至少已有17个种灭绝，与黑猩猩大小相当的树懒狐猴以及与大猩猩大小接近的考拉狐猴就在其中。这个独特的灵长类种群仍有50个现生种，一些小的像老鼠，大的像一岁婴儿。所有现生种都面临着捕猎以及生存环境恶化进而导致大量消减的威胁。狐猴大约在6000万年前离开了非洲东海岸，到达马达加斯加。从内陆游过来难度很大，它们可能纯属偶然地随着自然木筏漂流过来。第一批到达者应该体型较小且极不寻常。由于有限竞争和缺少天敌，狐猴到了马达加斯加之后体型增大和数量扩大，填充了所有可利用的生态位。2000年前，人类来到了马达加斯加，一切都改变了。体型较大的种类最先消失了，因为大型动物更易受到生存环境消减的伤害，更易受到猎人攻击并且繁殖能力更弱。

树懒皮和下颌骨

20世纪早期，这件罕见的树懒皮（上图）被发现于一个智利的洞穴中。它是这个种类的最好代表之一。它看起来就像是昨天刚收藏的，以至于让人想要找到活物而再一次猎捕。这种生物在1.3万年前开始绝灭，寒冷干燥的空气快速把易受损伤的软组织变成了皮质残骸。皮肤化石只占很小的化石比例。大多数皮肤和其他软组织都腐败了，只留下了骨骼和牙齿。一种几近灭绝的地懒下颌（右图）由查尔斯·达尔文采集，他那时走下了小猎犬号前往阿根廷。这件标本由伟大的科学家理查德·欧文首次正式记录。为了纪念达尔文，欧文将它命名为达尔文磨齿兽（*Mylodon darwinii*）。第二次世界大战期间，一枚炮弹摧毁了皇家外科医科大学地下室。这件展品是那次灾难的几件幸存品之一。一只巨大的活树懒比一只大猩猩还大，重约1吨。它太庞大了，以至于不能像其他小型近亲那样在树上生活。因此，它搜寻地面上的植物为食。著名的树懒化石大多数是骨骼，还有一些化石化的粪便。

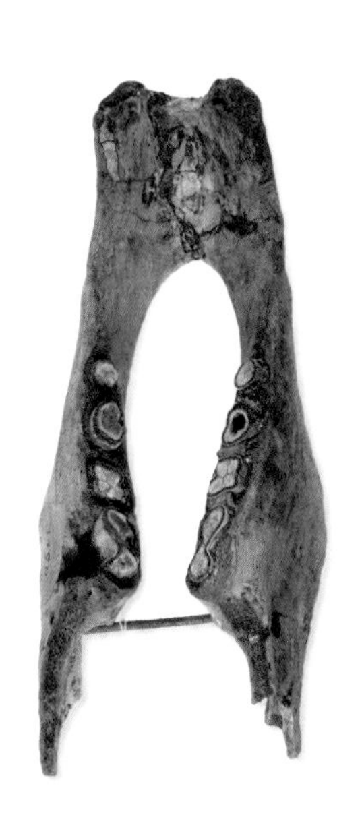

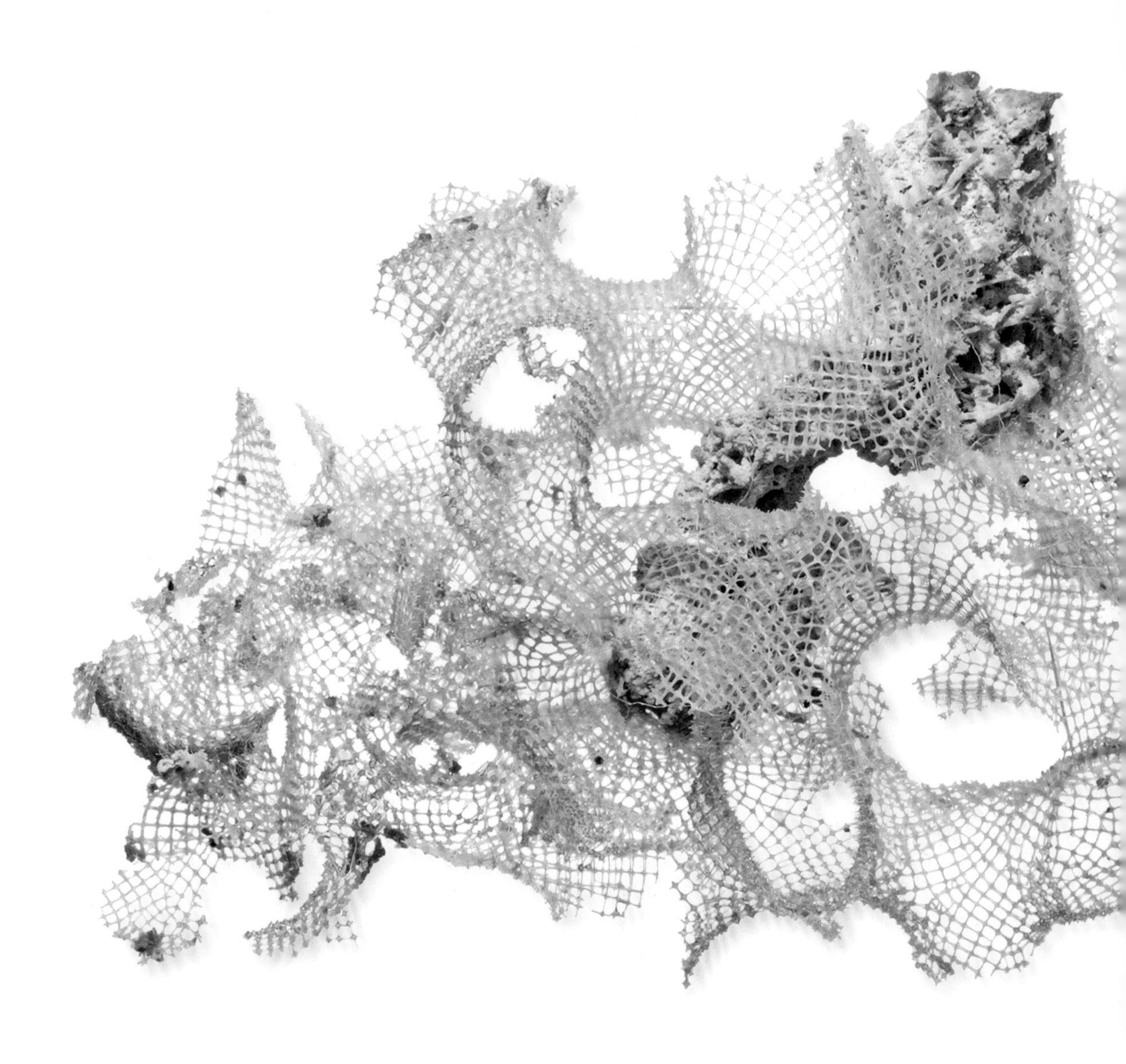

精致海绵骨骼

这件透明海绵化石（*Calyptrella tenuissima*）来自德国汉诺威附近。它精巧得馆长们几乎不敢去触碰。大约8000万年前，它被埋葬在了洋底，不知道以何种方式在沉积物中保留了如此形状。这些精致的生物死后，其针状硅化骨骼通常会逐渐分散成海底沉积物或者被分解后聚合成白垩质中的燧石结核。这件奇特的化石逃脱了分散和分解的命运，以精致完整无缺的网格结构骨骼形式保存下来。海绵是晚白垩纪海底沉积物中的常见化石，包括形成多佛白崖的白垩质。

颗石藻

扫描隧道电子显微镜拍摄下了这幅了不起的照片，它展示了颗石藻难以见到的复杂性。颗石藻是一种微小单细胞构成的水藻。为了让不同特征显示出来，颗石藻被涂上不同的颜色，包括环绕着它的白垩质盔甲骨板（或者颗石藻）。藻类被吃掉后，颗石藻类不能被消化分解，只能通过动物排泄物以小球状排出，下沉洋底形成白垩质和灰岩沉积物。英格兰南部海岸多佛白崖的白垩质几乎全部由颗石藻类构成，沉积于1亿～6500万年前的晚白垩纪。少数几千颗石藻类会随着表面洋流漂流，成为浮游生物的主要类群之一。浮游生物可能很小，并处于水下食物链的底端。其他海洋生物都依靠浮游生物生存。浮游生物通过光合作用吸收空气中的二氧化碳，有助于抵抗气候变化（由空气中的二氧化碳凝结造成）。

Thomas Wardle

Henry M. Howe

Nicolas Karakash

W. Freudenberg

H. N. Hutchinson

H. Credner

J. Tolmachev

W. Taylor

昆虫

金裳凤蝶

人们喜欢金裳凤蝶不仅仅是其五彩绚烂的翅膀让人流连忘返，更多的价值来自采集人阿尔弗雷德·拉塞尔·华莱士。华莱士曾提出了与达尔文进化论无关的自然选择进化理论。华莱士在野外采集昆虫、鸟以及其他动物的过程中，看见了动物之间的巨大变异。这恰恰成为华莱士理论的灵感源泉。目前，成千上万件由华莱士采集的动物标本都保

存在博物馆中，包括近来新增的850件蝴蝶、甲虫、竹节虫、蠼螋、蜜蜂、蚂蚁等昆虫标本。这些标本整齐地码放在28个抽屉中，放置方式仍是华莱士当初摆放的那样（左图）。在这些标本藏品中，最引人瞩目的是那只红鸟翼凤蝶（*Ornithoptera croesus*），它四翅展阔、华丽壮美。华莱士在马来群岛进行了8年的采集。1859年，他在印度尼西亚巴占群岛采集到了这只珍贵的红鸟翼凤蝶（上图）。华莱士简单观测了昆虫的栖息地以及多样性。他对昆虫着了迷，可以说到了痴迷和疯狂的地步。他在《马来群岛》（*The Malay Archipelago*）一书中对当时采集到雄性红鸟翼凤蝶这样描写道："当我把它从网中取出，打开那绚丽多彩的翅膀时，我的心开始剧烈搏动，血液急速涌向大脑……导致我在之后几天一直头痛，这次的发现真是太令人振奋了……"

兰花蜜蜂

兰花蜜蜂是馆藏标本中非常引人注目的一类，原因是它们有着极其显眼的五彩斑斓的结构色。兰花蜜蜂的名字可能会让人们误以为它只取食兰花。事实上，兰花蜜蜂常常取食中南美洲热带地区多种不同类型的花。两种不同“体型”兰花蜜蜂的生活方式有着显著差异。其中一个类群多毛，像大黄蜂一样，常用树脂、树皮或者泥土筑巢以储存食物。它们会在巢中产卵，幼虫孵化出后便取食巢中的备粮。第二个类群则非常阴险狡诈，体表不覆毛，取而代之的是坚硬盔甲。它们已失去了筑巢的习性，但会偷偷溜进其他兰花蜜蜂的巢内产卵，孵化出的幼虫便自然而然地取食别人的食物。收益越大，风险也越大。当它们寄生在别人的巢穴中时，被寄主叮咬的风险也极高。这时坚硬的盔甲就能起到保护的作用。和其他蜜蜂一样，兰花蜜蜂也是非常重要的传粉昆虫，其中一个种还是巴西胡桃的主要授粉者。

驯鹿天牛

这只华丽壮观的雄性驯鹿天牛（智利长牙锹甲，*Chiasognathus granti*）长着类似鹿角的颚，颚几乎与其身体等长。驯鹿天牛广泛分布于智利和阿根廷。它也是博物馆4.5万只锹甲藏品之一。每只锹甲都被仔细地用昆虫针固定住，整齐地码放在抽屉中，抽屉再被置于橱柜中。查尔斯·达尔文曾在南非采集了12只此类驯鹿天牛，并在《人类的由来》（*Descent of Man*）一书中把驯鹿天牛描述为“强壮的昆虫”。它的颚看起来好像可以用于疯狂撕咬。但事实并非如此，驯鹿天牛并没有发育良好的齿。雄性个体的颚并非主要用于展示，而是用于进行强有力的搏斗。驯鹿天牛可以用其强壮的颚推挤雄性竞争对手，甚至可以用颚将对手从地面提起、翻转。尽管当代学者对驯鹿天牛成虫的研究已很透彻，但对那些个体较大、体型呈C形、体奶白色、取食半腐烂食物的幼虫的研究仍略显不足。

英国报道过锹甲的三个物种，其中最大的发现于英国南部和东南部地区，特别是伦敦里士满公园和温布尔顿公园沿线。

卢布克爵士的宠物蜂

关于这只蜂，曾有一个非常有趣的传说。据说在1872年英国协会的年会上，约翰·卢布克爵士（Sir John Lubbock）向大家展示了他的特殊宠物——一只黄蜂，他还讲述了饲养和轻抚不被蜇的方法。卢布克在比利牛斯山捕获这只黄蜂。10个月后，这只黄蜂不幸死去。在此期间，他一直将这只黄蜂视作自己的宠物。关于这只黄蜂的死亡，卢布克说了一段触动心扉的话："某天，她身体的其他部分还一切如常。当我看到她不再使用自己的触角时，我想她可能将不再取食了。第二天，我试着喂她食物，尽管她还能移动自己的腿、翅膀和腹部，但是她的头看起来像死了一样。第三天，最后一次给她喂食时，我发现她的头和胸部已经麻痹无知觉了。她只剩下尾巴还能动。我甚至在幻想，这是它最后一次表示感谢和喜爱。据我判断，她的死亡是安详的、没有痛苦的。这只陪伴了我10个月的宠物蜂此刻就安静地躺在博物馆。"尽管这是一个有点古怪的传说，但是不得不承认卢布克爵士是一位令人尊敬的科学家、作家、银行家以及自由主义政治家。他曾改进了劳动法，推动《银行假日法案》（*Bank Holiday Act*）、《野生鸟类保护法案》（*Wild Birds Protection Act*）和《公共图书馆法案》（*Public Libraries Act*）等法案出台。

圆顶高礼帽内的蜂巢

把蜂巢建在圆顶高礼帽内，多好！在沃尔特·罗斯柴尔德（Walter Rothschild）位于特林的房产附属屋内，一个建在圆顶高礼帽内的蜂巢进入了人们的视线。这个帽子很可能是园丁冬天落在此处的。有意思的是，这顶帽子如今成为博物馆的藏品。罗斯柴尔德是个野生动植物热爱者，他非常欢迎这位新房客继续驻扎。1937年，大量他的藏品被自然博物馆收藏。

这个蜂巢由常见的普通英国黄蜂（*Vespula vulgaris*）所建，蜂王保护了凹陷之处使得营建巢穴能够顺利进行。英国黄蜂通常会选择在地下的房屋、被遗弃的老鼠洞或者树基部的中空处建巢。3月份的某个时间，某只蜂王飞进了附属屋，看到了那顶翻过来的圆顶高礼帽。蜂王开始嚼咬木头，一个又一个、一层又一层用木浆筑造小室。之后，蜂王在小室内产卵。6月份，幼虫孵化出来了，蜂王用昆虫喂食第一代后裔。紧接着，第一代后裔接管筑巢的工作，以便蜂王产下更多的卵。这个工作一直持续进行，直到天气开始变冷。那时，蜂巢便会被抛弃。

长着鹿角的蝇

巴布亚新几内亚因有着惊异绝妙的野生动植物资源而闻名世界。这些宝贵的旷世资源中就有一种鹿角果蝇，其雄性个体的头部会着生一种令人不可思议的延伸物。这个类群有8个物种，每个种的头部延伸物（即所谓的鹿角）形状都完全不一样。左图就是实蝇科内的3个种：*Phytalmia cervicornis*、*Phytalmia alcicornis*和*Phytalmia biarmata*。一些种的头部延伸物纤长且多叉分支，一些则宽似驼鹿。

蝇头上着生的鹿角是几丁质外骨骼的衍生物，可帮助雄性保护自己的领地不受攻击。除了和其他发情的雄性进行角力，雄性还会朝不同方向缓慢摆动自己的鹿角，以恐吓潜在的攻击者。只有这种方法不能奏效时，它们才会进行一场实质性的厮杀。胜利的雄性保卫了用于繁殖的领地。这样才能寻找配偶，将基因代代相传。

眼呈棍状的蝇

此类蝇的拉丁名为*Achias rothschildi*，有棍棒末端伸出的眼睛之意，所以它的俗名就叫棍眼蝇。在这个类群中，只有雄性的复眼长有细长的棍棒状结构，棍棒的长短还有很大区别。两只复眼之间的距离通常是2~5厘米，上图标本的复眼间距为5厘米。和许多有趣的物理变性一样，这种棍棒状复眼很可能在某种刺激下进化而来。最有可能的原因就是雄性的等级制度。也就是说，长着棍棒状复眼的雄性比复眼为短棒状的雄性在建立自己的领域及吸引异性方面更有优势。1910年，大英博物馆的昆虫学者爱德华·欧内斯特·奥斯丁（Edward Ernest Austen）在沃尔特·罗斯柴尔德爵士的标本藏品中找到了这类长着棒状结构复眼的蝇，并对该物种进行了详细的描述。这个物种和与其亲缘关系相近的物种主要分布在有着“奇异生物天堂”之称的巴布亚新几内亚地区。该地区与澳大利亚和亚洲大陆分离，因而分布的物种都是些特有种。

“盛装打扮”的跳蚤

19世纪，最引人注目的怪异事件当属那些穿着衣服、打扮得像人的跳蚤。有人用衣料和纸的边角碎料给它们做衣服，然而仅有人蚤的头被装饰。没有人知道这个现象始于何时，但盛装打扮的跳蚤常作为一种别出心裁的纪念品在市场上被出售。如此栩栩如生的形象可能来自于修道院，那里的修女因擅长制作各式各样的微缩模型而出名。当时条件有限，手工艺者没有放大设备，只能一丝不苟、全神贯注地做着细致工作。因为没有电灯，所以她们只能白天工作以及晚上在烛台下或者借着月光做手工。在如此有限的条件下，她们仍然能惟妙惟肖地做出这些不足半公分高的小人。精雕细琢的工艺让人惊叹不已。这些盛装打扮的跳蚤很可能都是在墨西哥制造的。世界级跳蚤专家查尔斯·罗斯柴尔德（Charls Rothschild）在1910年曾得到12个此类人形跳蚤。查尔斯是沃尔特·罗斯柴尔德的兄弟，其博物藏品如今收藏于特林的历史博物馆，该博物馆地处伦敦北部的赫特福德郡内。与此同时，还有一部分藏品现在收藏在南肯辛顿。那里也是著名婚礼圣地，现几乎成为墨西哥流浪乐队的聚集地。

角锹甲

这类稀有甲虫仅分布在南非西开普省的高海拔山脉地区。目前，角锹甲的17个种都在濒临灭绝。左图这只硕大的考锹甲（*Colophon primosi*）更是情况不妙。因为角锹甲行动缓慢且没有飞行能力，不能及时逃离危险，所以它们面临气候变化和生境破坏时更易受到伤害。不加节制的采集行为也会导致它们的伤亡，因而在某些国家非法采集角锹甲者将会面临重刑制裁。

考锹甲属（*Colophon*）一词源于希腊语词汇——Kolophon，它有顶峰、顶点之意。引人注目的是，该属的每一个种都分布在自己独有的生态位中。各个物种之间相互隔离，以至于仅有少数的昆虫学家在考锹甲栖息地发现了它们的身影。我们对考锹甲的幼虫和食物了解甚少。过去，角锹甲标本的售价极高。曾有一个欧洲卖家把一件考锹甲标本定价3000英镑，使之一度成为世界上最昂贵的昆虫。

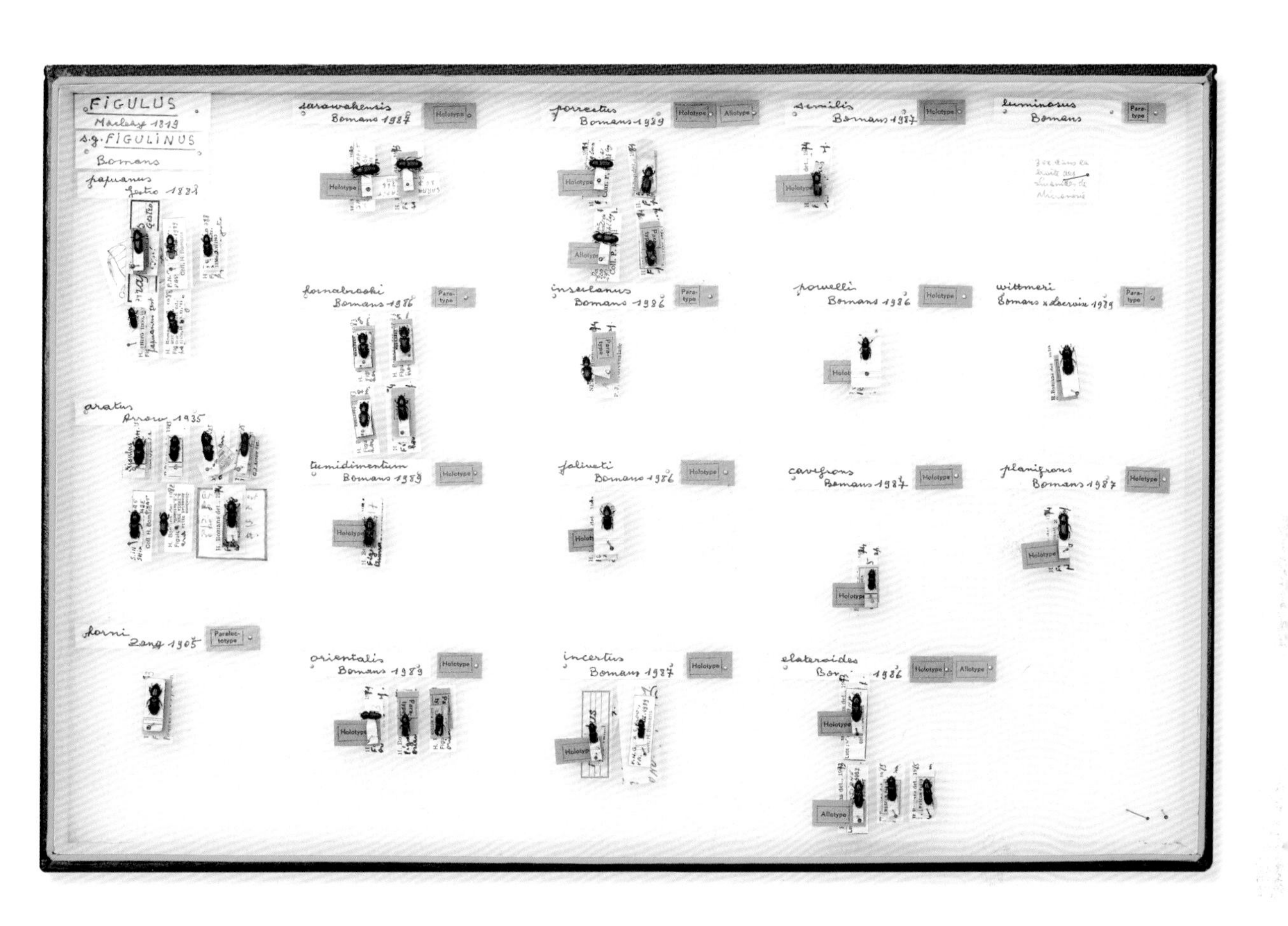

博曼的锹甲收藏

法国昆虫学家休斯·博曼（Hughes Bomans）通过持之以恒的标本买卖和交换，40余年里积少成多，最终收藏了3.2万件锹甲标本。这些可能是到目前为止业余爱好者所能收集的较完整全面的锹甲标本了。博曼把这些标本仔细码在有玻璃盖子的盒子中，并贴上标签、分组分类，还给新种命名。由于博曼年岁已高、视力日渐衰退，1999年他拍卖自己的收藏，希望国家博物馆能收购以供全世界的锹甲研究者使用。经过激烈的竞争，最终伦敦自然博物馆打败了其他欧洲的博物馆以及私人藏家，花费数万英镑得到了博曼的昆虫收藏。

世上最大的蝇

这种世上最大的蝇体长近6厘米，几乎与房门钥匙同大。它们仅在巴西分布。虽然看起来像黄蜂，体黑锥状，但英雄拟食虫虻（*Gauromydas heros*）只有一对翅（黄蜂有两对翅）。这种相似性是一种保护措施。它很像沙漠蛛蜂，沙漠蛛蜂长着强有力的螯针且正如其名对毒蛛有着独特癖好。因此，这种无害蝇类常常受益于误认相似外貌。尽管德国博物学家马克西米兰·彼提（Maximilian Perty）在1833年就发现了它，但是没有人知道这种蝇如何生活。我们知道，蝇一生大部分时间都以蛆的形式存在。它们生活在土壤中，贪婪取食昆虫幼虫。所有基础都是在为短暂的成虫阶段做准备，以满足交配。尽管体型可怕，但成虫破蛹而出后仅能活几天，还几乎不能进食。雄性只能吮吸少量的花蜜或者吃一些花粉。雌性则完全不进食，仅依靠储存于腹部的脂肪为生。

没有翅膀的蝇

这只蝇乍看像蜘蛛，事实上属于无翅蝇类妖蝇科，因仅在肯尼亚的洞穴中分布而闻名于世。还有很多其他无翅蝇类存在，无翅蝇成体常寄生于单一的寄主。这只蝇（左图）是妖蝇科的唯一物种。这种蝇体长1厘米且体表覆毛。多毛苍蝇（*Mormotomyia hirsuta*）在肯尼亚东部乌卡兹山被发现，随后爱德华·欧内斯特·奥斯丁于1936年首次对其进行了描述。多毛苍蝇完全依赖洞穴中的蝙蝠生存。它们在蝙蝠粪便上产卵，孵化出的幼虫则取食蝙蝠粪便。据猜测，多毛苍蝇成虫取食蝙蝠身体的分泌物。其暂短一生的活动范围十分有限，偶尔会跟随蝙蝠到稍远的地方“观光”。

天蛾

生活在极端环境里的马岛长喙天蛾（*Xanthopan morganii praedicta*）是迄今被报道过的喙最长的蛾类。喙长30~35厘米，比一根意大利面还长。当初吸引科学家的并不是它那长长的喙，而是其访花习性。1862年，博物学家查尔斯·达尔文检视了一种产自马达加斯加岛森林的彗星兰花。这种花长着让人难以置信的超长管状花朵，其花朵大约30厘米长。巨大的蜡状花朵极其美丽。达尔文好奇的是哪种昆虫会为此花传粉以及昆虫如何接触到花的底端、舔吸花蜜。达尔文推测，传粉的应该是一种目前还没有被人们发现的、有着长长喙状口器的昆虫。直到1903年长有长长喙状结构的蛾被发现，达尔文之前的设想才开始被人们认可。科学家们花了将近80年的时间去证明蛾在受控条件下可以为兰花传粉，直到本世纪才进一步证实蛾在野外条件下也可以实现传粉。后来，人们又发现了一种花朵更长的兰花，但目前还不能确定其传粉者是谁。

印度尼西亚的蝴蝶发现

贝德福德·拉塞尔树神——络白帛斑蝶（*Idea tambusisiana*）可能是过去50多年最为壮观的蝴蝶发现。络白帛斑蝶于1981年被发现，那时距帛斑蝶属（*Idea*）最后一个物种被发现已有100多年。你一定会对络白帛斑蝶飞行时光彩辉煌的绝妙身姿惊叹不已。带有白色斑纹的透明翅在微风中轻轻浮动，就像一张白纸在空中翩翩起舞。正因如此，它得到了一个俗名——纸蝴蝶。这种蝴蝶仅在印度尼西亚地区分布，安东尼·贝德福德-拉塞尔（Anthony Bedford-Russell）在苏拉威西岛的斜坡上发现了它的踪影，当时他正带领着一群中学毕业生进行探险之旅。他是一名实践先驱。经历了几天艰难的攀爬和暴雨之后，小分队终于在没雨的那天安营扎寨，享受着来之不易的干燥天气，同时还烤着蝙蝠准备当晚餐。突然，贝德福德-拉塞尔在一片空地上看到一只巨大的白色蝴蝶，他立即拿起了网。他猜测，这个物种不是常见物种。经过一番追逐，他采集到了这只络白帛斑蝶。之后，这只蝴蝶被证实是一个新物种。

角舌步甲

在历时5年的小猎犬号航行期间，查尔斯·达尔文在智利安第斯山脉采集到了有金属光泽的步甲。虽然鸟类是达尔文自然选择进化理论的灵感源泉，但是他早期对甲虫有着浓厚的兴趣。在剑桥读书时，达尔文就收藏过许多甲虫标本。小猎犬号一在港口停靠，达尔文就会借机去探险和采集标本，队中年轻热心助手也参与其中。达尔文至少采集了30只有金属光泽的角舌属（*Ceroglossus*）标本，并将之带回实验室研究。为了躲避白天的高温和捕食者，步甲往往藏匿于石块之下。队员们弯腰翻遍了石块和岩石，采集这些贪婪的步甲是个非常费力的工作。这些甲虫和达尔文捐赠的其他1万只昆虫标本现由博物馆收藏。

戒指中的象鼻虫

200多年前，人们一度非常喜欢象鼻虫，甚至还会将其嵌入金戒指。这枚金戒指是怎样收入博物馆的，目前没有完整的记录。也许时代太过久远而导致标签纸丢失，也有可能这个戒指当时就没被正式记录过。虽然象鼻虫和金戒指的组合熠熠发光、极具特色，但最具价值的是那只甲虫。戒指内除了有两个首写字母D和F雕刻，还有一段极具魅力的拉丁语题词：admiranda tibi levium spectacula rerum。它来自维吉尔的诗句：我将为你讲述一件足够让你羡慕的事情。

戒指正中间的象鼻虫（*Tetrasothynus regalis*）只有1厘米长，闪闪发光的金色背板像宝石一样流光溢彩。背板的颜色源于背板表面细小的鳞片，鳞片在显微镜下看起来就像是闪烁的小球。在光的作用下，背板表面的鳞片极像蝴蝶翅上的鳞片。这个物种现在主要分布于西印度群岛的伊斯帕尼奥拉岛。

Genus HEBOMOIA, Hb.
hyale, L.
Europe
Genus CATOPSILIA, Hb.
= CALLIDRYAS, B.
electo, L.
Cape
pyranthe, L.
pyrene pyrene, L.
pirithous, Fab.
S. China
Genus EUCHLOE
Genus COLOTIS, Hb.
florella nephte
Brazil.
hecabe, L.
S. India
Genus COLIAS, Fab.
croceus, Fourcroy
Europe
Madeira
Genus GONEPTERYX
danae, L.
S. India
Lesbia, Fab.
Patagonia
Genus IXIAS, Hb.
Europe
pelidne labradorensis
marianne
S. India
United States
cleopatra, L.
Algeria
pomona pomona, Fab.

班克斯的昆虫收藏

这是第一部正规化、科学化的昆虫收藏集，由在当时科学界很有影响力的英国皇家学会主席约瑟夫·班克斯爵士编译。这部收藏集包含4000多只昆虫标本，包括了蝴蝶、蝇、臭虫、蛾等。在此之前，人们仅依据兴趣收集特定的标本或者收集那些好看的标本，制成奇趣之柜（cabinets of curiosity）。奇趣之柜就是各种收藏的杂乱组合。到了启蒙运动时期，渴望自然知识并想弄清楚不同物种之间相互关系的猎人发展了专业方法。班克斯的昆虫收藏集中的每件标本都被仔细地用昆虫针固定、命名、整齐地码放在抽屉中，以便后续科学研究。大多数的标本都是在库克船长南太平洋航行探索（1768—1771）时收集的。班克斯也成为第一批踏上澳大利亚土地的欧洲人。这次航行也是班克斯参加的唯一一次大规模野外采集活动，他收集的标本大多采自马德拉群岛、塔希提岛、新西兰、澳大利亚、南美以及非洲的部分地区。班克斯和助手竭尽全力把采集到的众多新奇物种带回了英国。时至今日，这批标末藏品仍旧活跃在科研的舞台上，其中不断有新物种被厘定和重命名。

蜡尾蝉

长着蜡状尾巴的蝉（*Alaruasa violacea*）其实并没有长尾巴。长尾巴是其腹部终生不断分泌出的蜡异常生长造成的假象。随着蝉逐渐成熟，蜡的增长速度开始减缓，这个“尾巴”也就变得更长更宽。这只蝉（左图）是所有标本中尾巴最长的，尾巴大约有8厘米。这些蝉有蜡状尾巴的原因，众说纷纭。有人认为，蜡状尾巴是用于避免自身分泌的液体浪费；还有人认为，尾巴可以保护蝉免受来自背后的攻击，背后捕食者会因吃下一大口难以下咽的蜡而大感不快！这种长有蜡状尾巴的蝉生活在南美洲的热带地区，它们用刺吸式口器吸食植物的汁液。长有蜡状尾巴的蝉隶属于白蜡虫科。此科大部分都可以分泌蜡，腹部看起来都像是覆盖着蜘蛛网。

花生头虫

花生头虫俗名的由来，已是不言而喻。其头的形状像花生，大约有6厘米长，近乎与身体等长。头的形状长生如此的原因并不清楚。有一种理论认为，从侧面观察这种虫子，它像极了蜥蜴，黑色条带还有可能会被误以为是蜥蜴的牙齿，有警示攻击者的作用。鸟儿捕获昆虫是一件易如反掌的事。如果误以为这只昆虫是蜥蜴，鸟儿可就不敢轻易发动进攻了。另一种理论认为，花生头虫的肠道延伸到了头内，因此猜测花生状的头可能和消化有关。与白蜡虫科的类群类似，花生头虫胸部及腹部的腺体可以分泌出白色的蜡，像是给自己织了一件雪白的外套。1757年，瑞典科学家卡尔·林奈描述了此物种，林奈创立的双名法适用于所有物种。花生头虫被命名为南美提灯蜡蝉（*Fulgora laternaria*）也许是受到了某种启发，比如一个头顶散发着类似灯笼光芒的传奇人物。

银色金龟子

虽然圣甲虫的多个类群都有着美丽金属光泽，但是银色金龟子（*Chrysina limbata*）看起来真像是银子制成的。银光甲虫是自然多样性和极端值的完美例证。对甲虫收藏者来说，它就是王冠上的钻石。博物馆目前仅有一件银色金龟子标本。尽管有着令人叹为观止的外表，但这些甲虫在野外并不常见。少数见过这类甲虫的人声称，那些银色甲虫在巴拿马西部和哥斯达黎加热带雨林下的斑驳光线中穿行时会闪烁发光。反光的翅鞘迷惑了鸟、猴子、蛇、蜥蜴等捕食者，为逃离危险赢得了时间。我们并不知道这些银色甲虫如何获得了这种令人难以相信的金属光泽。通过显微镜观察，这种颜色物理上来源于多层膜。薄膜干涉形成饱和度高、形式多样的明亮颜色，其物理机制与CD表面的铝层薄膜相同。

ENTOMOLOGICAL PINS.
SILVERED.
PRICE PER OUNCE
If Enamelled Black or Gilt 1/3 per oz. extra
These Pins are packed in boxes bearing the Trade Mark, and the name Kirby, Beard & Co. Ltd. in full
Nos. 1, 2, 3, 4, 5 & 6, put up in boxes of not less than 1 oz.
All other Numbers
Terms
Naturalist & Taxidermist,
WELLINGTON TERRACE,
CLIFTON, BRISTOL.
PRICED CATALOGUE
BRITISH BIRDS' EGGS AND SKINS,
ANIMAL SKINS, LEPIDOPTERA,
BRITISH AND FOREIGN SHELLS,
TAXIDERMISTS' TOOLS,
NATURAL HISTORY BOOKS AND
APPARATUS, &c., &c.
44
63

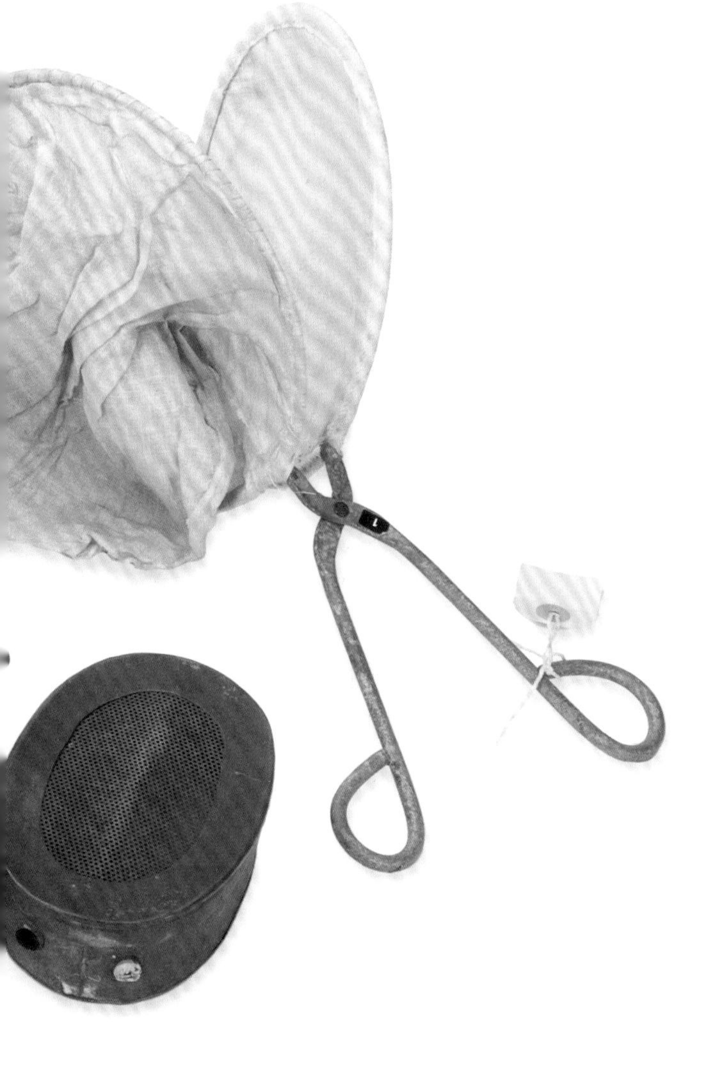

查尔姆斯采集法

在19世纪和20世纪早期，常见的昆虫采集设备是捕虫网、放大镜、毒瓶、昆虫针和镊子等。热情洋溢、受人尊重的昆虫学家迈克尔·查尔姆斯-亨特（Michael Chalmers-Hunt）用其他昆虫学家和博物馆管理人员丢弃的物品制作了这套工具。昆虫采集工具已不再有实用价值时，查尔姆斯-亨特于20世纪80年代意识到了其历史意义，从废料堆中挑出了一些并将之保留下来。许多工具已不能使用且一文不值。但是，这些破旧的捕虫工具依然珍贵，它们是那个以收集采集昆虫为流行消遣方式的时代的缩影。许多人采集昆虫，与朋友交换昆虫标本，将那些稀世珍宝放在精良的盒子中展览。当今，整个行业已大幅衰退，仅为满足大众的普遍需求而存在。

Thomas Wardle

A. Karpinsky

A C Haddon

Charles H. Read

Henry H. Howe

Raymond A. Dart

W. Freudenberg

A S Woodward

Chas W. Andrews

H.N. Hutchinson

H. Credner

动物

斯隆的鹦鹉螺贝雕

这件精雕细琢贝壳的价值不在于其科学用途，而在于精美。它本是鹦鹉螺（*Nautilus*，一种类似于墨鱼的动物）栖居之所，到了荷兰名匠约翰内斯·贝尔金（Johannes Belkien）手中却成一件艺术品。

贝尔金生于1636年，其父是荷兰著名珍珠母贝镶嵌工匠让·贝尔金（Jean Belkien）。关于贝尔金的生平以及离世年代，人们所知甚少。雕刻风格显示，这件贝壳于17世纪最后25年间雕制而成。贝尔金沿承了父亲的技艺，他小心剥去贝壳的外层，让里面的珍珠母层露出，在珍珠母层上雕刻出精细的卷叶图纹和三个刻满人物景致的圆形图案。贝尔金还在三个圆形饰物前签了名。

汉斯·斯隆爵士可能在17世纪末或18世纪初获得了这件贝雕。斯隆先生去世后，这件贝雕与其所有藏品成为大英博物馆创馆收藏的一部分。

Faubelkin

赛马

并不是每件骨骼藏品都会因其揭示了科学知识的作用而显得重要。这副马骨架来自一匹名为棕色杰克的赛马。它是捐赠给博物馆的11副赛马界的传奇赛马骨架之一。每匹赛马都有记载其所有获胜赛事的档案以及跟踪其血缘谱系的图表。这些档案目前的主要用途是科学研究。例如，兽医会来这里研究赛马的骨骼，查看其生活方式所致的骨骼损伤（如压缩脊是马匹年轻时被过度骑乘所致）或者检查骨骼如何整体移动。棕色杰克、圣西蒙和柿子的骨架都是有名的整体相连骨架。圣西蒙生于1881年，同年大英博物馆（博物部）在南肯辛顿开馆。圣西蒙曾赢得9场比赛，以领先50米的惊人成绩赢得了阿斯科特金杯。生于1893年的柿子曾给主人国王爱德华七世带来了无限荣耀。它不仅赢得了阿斯科特金杯，还在德比和唐科斯特赛马中夺冠。棕色杰克取得了前所未有的傲人成绩——阿斯科特金杯六连冠（1929—1934）。

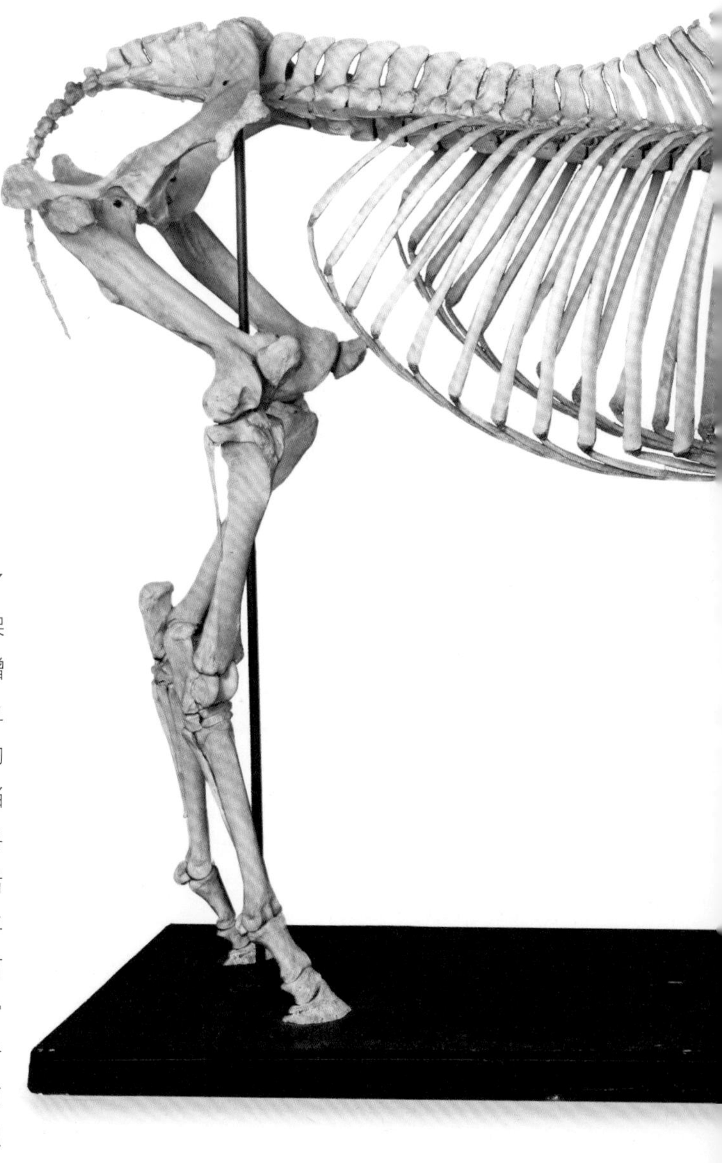

灰狗赛名犬

麦克・米勒是世界上较为出名的灰狗之一，是20世纪20年代的当红赛犬名将。麦克差一点就没能开始赛犬生涯。它出生在一位爱尔兰牧师家中，以家里勤杂工的名字命名。麦克12个月大时，被致命病毒击倒了，患了犬瘟热几乎丧了命。主人布罗菲神父（Father Brophy）把它带到了当兼职兽医的当地赛场经理那里。麦克在医生的日夜精心照料下恢复了健康。1928年4月，两岁的麦克在灰狗赛中首次亮相。它在1928—1931年举行的61场比赛中获胜46场，其中包括连续19次获得冠军。麦克在自己的职业生涯中赢得了全部五项经典比赛。它还是第一只两次荣获德比灰狗赛冠军的赛犬。它不仅登上了无数头条新闻，还赢得了数以千计的奖金。盛誉多年后，麦克于1939年5月在睡眠中死去。之后，主人A. H. 肯普顿（A. H. Kempton）把它捐给了博物馆。

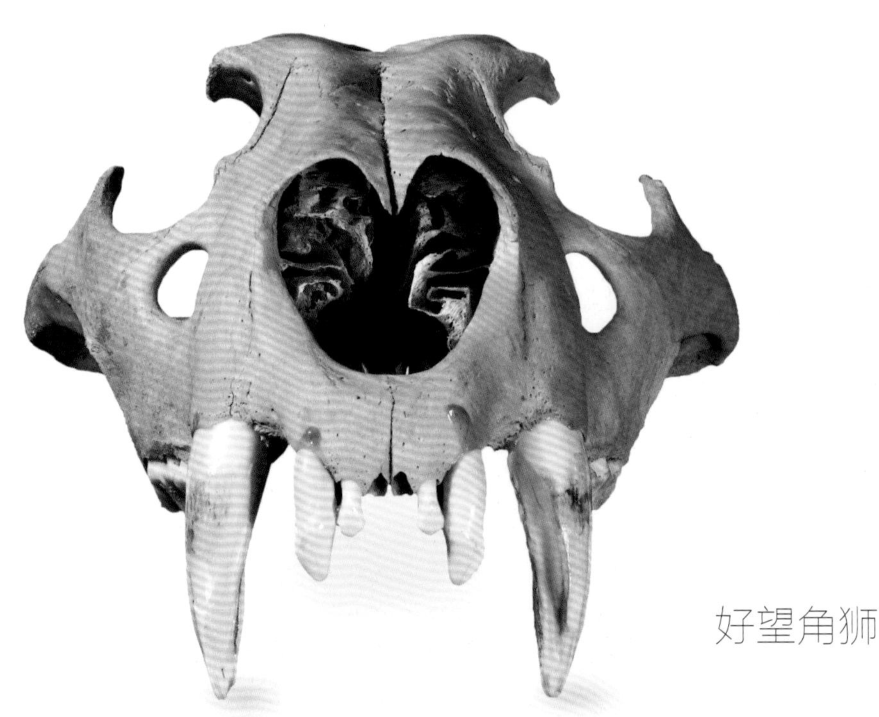

伦敦塔的巴巴里狮颅骨

这颗颅骨来于一只巴巴里狮。它曾经生活在伦敦塔皇家动物园里，是郡王私人收集的野生稀异动物。这颗颅骨从护城河中被挖掘出来。毫无疑问，这只狮子生前得到了悉心照料。死后它的尸体可能被扔进了河里。这种快速埋葬的方式或许可以解释它保存如此完好的原因。

12世纪、13世纪，国王约翰在牛津附近的伍德斯托克兴建了皇家动物园，不久动物园被迁至伦敦塔。几个世纪以来，许多外国元首赠送的动物，特别是作为英国皇家标志的狮子，都在那里生活。这颗颅骨是1937年挖出的两块狮子颅骨之一。之后的碳元素测定确认：一只狮子生活在1280—1385年之间，另一只狮子生活在1420—1480年之间。长形颅骨和大型犬牙显示了这两只狮子都是雄狮。颌骨取样的遗传分析揭示了两只雄狮都有北非巴巴里狮的独特基因组合。这种狮子在野外已经灭绝了。北非的西部曾是离欧洲最近的有狮子种群存在至20世纪初的地区，那里的狮子也自然而然地成为中世纪商人牟利的资源。除了印度西北部还存在着一个极小的种群，20世纪初叶它们就已经在非洲撒哈拉沙漠以南地区之外的区域灭绝了。

好望角狮

19世纪初，好望角狮遭到大规模猎杀并快速灭绝。这造成了科学家多年来都无法找到此种群存在的证据。1954年，这张裱好的狮皮被送到了博物馆。这张狮皮曾被镶在一个在绅士俱乐部的墙上玻璃柜中长达60年之久。此后，又有其他6张狮皮被发现。这张狮皮可以说是这种壮美动物的最完好标本了。

好望角狮曾经生活在南非的南端。好望角狮与其他狮子的区别就在于，它长有披在双肩的厚厚黑色鬃毛以及腹部边缘的黑色腹毛和大型颅骨。1830年，这只雄狮被任职于英国皇家炮兵队的科普兰-克劳福德上尉（Captain Copland-Crawford）猎杀于南非奥兰治河附近。这只好望角狮体型庞大，1895年被装入四周饰有萨瓦纳草原之草的玻璃盒内，作为礼品被赠送给伦敦的青年联合服务俱乐部。这一标本现在仍然放置在当初放置它的玻璃盒内。科学家们一直用它来研究好望角狮是否是狮子的一个亚种，这项研究目前仍无定论。

A lion of distinction

最后的日本狼

1905年1月23日，年轻的美国兽类学家马尔科姆·安德森（Malcolm Anderson）猎杀这只日本野狼时，他丝毫没有意识到：这只野狼竟然是人们所能见到的最后一只日本狼。这只狼曾经栖居在日本南部岛屿本州，本州是安德森与哥哥罗伯特·安德森（Robert Anderson）东亚采集之旅中的一站。他们采集到的所有标本都被捐给了自然博物馆，这件标本的价值和重要性远高于其他标本。这种狼被称为本州狼，栖居在日本本州、四国和九州等岛上崎岖不平、森林覆盖的山脉之中。这种狼是世上最小的狼。尽管它体型很小，但仍对家畜有威胁。猎杀、猎捕以及狂犬病都可能是它们灭绝的原因。这只狼的毛皮和骨骼虽然从未被公开展示过，但它一直是被研究的对象。这只狼被众多杂志、旅行指南多次拍摄和撰写，甚至还被日本拍成电视节目。这件狼皮的众多参观者中，还有安德森兄弟当年的日本向导金井清的后代。

象鸟蛋

日前，世上已知最大的鸟蛋就是象鸟蛋。这种鸟曾栖居在马达加斯加，恰如其分地被命名为象鸟（*Aepyornis maximus*）。这种鸟蛋的容积有8~10升，相当于150~200枚家养鸡蛋。一枚蛋可充当一个家庭数日的食物，空蛋壳也许可能被用于储存物品。

象鸟的体高可长至3米以上，体重达400千克以上。它是世上所有存在过的鸟类中最重的，其体重是现存最重鸟类——鸵鸟体重的4倍。象鸟与近缘的鸵鸟、鸸鹋、食火鸡和恐鸟一样，不能飞翔。它们的遗骨可追溯至200万年前的更新纪。象鸟可能灭绝于17世纪人类到达马达加斯加之后。因为除了鳄鱼和鹰，象鸟几乎没有自然天敌。如今在海滩或湖泊岸边，仍可看到巨大的象鸟蛋碎片，偶尔也会有完整的象鸟蛋被发现。有些蛋还含有胚胎的骨骼，运用高分辨率X射线和最新计算机技术可对其开展研究。

最古老的象龟

这是已知寿命最长的象龟。它死去时，年龄可能已远远超过200岁。它还有着完整的历史记录，有文字和图片证据能证实其年龄。这只象龟的大部分人生都能确定，因为其大半生都在一个地方度过：毛里求斯路易斯港的炮兵营。它是1766年法国探险家马里翁・德・迪弗伦（Marion de Fresne）带到毛里求斯的5只象龟之一。没人知道迪弗伦为什么把象龟带到那里，但几乎可以肯定的是它们来自距此1500千米的塞舌尔。这只特殊巨物的下一条记载出现在1810年。那年，英国人占领了岛屿，他们在军营里发现一只乌龟。当时留下的照片显示：那只乌龟体缘有一个巨大的疤痕，与这件标本的疤痕吻合。疤痕可能来自于一个醉酒军官的枪击，他企图用这种方式来测试龟壳厚度。视力不断退化导致这只龟1918年坠井而亡。至此，它已在岛上生活了150年。根据当地的记录，在人们的记忆中它的大小没有变过。这说明，它来到这个岛上时已是一只成年龟。因此，它的年龄应在200～250岁之间。

旅鸽

旅鸽标本在博物馆不算罕见，然而上图这只旅鸽却有着极不寻常的故事。旅鸽曾是最普通的鸟类之一，不到100年它们就从种群数达百万走向了灭绝。这是一个令人震惊的不可能事件，简直像有人预测苍蝇会灭绝一样。旅鸽（*Ectopistes migratorius*）栖居在北美东部，它们成群结队，铺天盖地，以至于飞翔时天空都变成黑色。职业猎人会捕获旅鸽并将之当作食物贩卖。甚至拿着一根长枝在空中随意舞动就能打下旅鸽，或者在一张藏好的网上拴上一只活鸟做诱饵也能轻松捕到旅鸽。一个捕鸟者一天就能捕获2000多只鸽子。如此连年累月，随着旅鸽栖居地北方和南方的森林被砍伐，旅鸽种群数量下降。一种更加微妙的影响将旅鸽推到了不可恢复的境地。自然界似乎存在一个对旅鸽来说生命攸关的群集数值。如果这个数值低于某一个点，整个鸽群就会很快消失。这是否与看护幼鸟和觅食相关，还不清楚。结群栖居确实给旅鸽带来了稳定。旅鸽最终灭绝的确切时间是1914年9月1日13时，最后一只圈养的雌性旅鸽——玛莎在美国辛辛那提动物园死去。

北极熊

这件北极熊标本脸上的笑容可以让我们对维多利亚时代的标本剥制师有所了解：他们大概把白色皮毛误当成这种庞然大物温顺的象征。北极熊是非常凶猛的动物，也是陆地上最大的食肉动物。北极熊喜欢捕食环斑海豹。它们在家乡北极会进食任何一种能捕杀到的猎物，包括鸟类、蛋类、啮齿类、贝类、螃蟹、白鲸、海象幼仔、麝牛和驯鹿，它们在夏季甚至还吃植物。北极熊有高度发达的嗅觉。追踪痕迹显示：它们能在冰上嗅到直线64千米以外的海豹。它们也是强悍的游泳健将，能连续游泳100多千米而无须休息。它们在追捕海豹时，甚至能潜水2分钟。

这件奇特的北极熊标本是沃尔特·罗斯柴尔德19世纪末和20纪初累积藏品的一部分。它目前在特林的自然博物馆展出，雷蒙德·布里格斯（Raymond Briggs）所著童书《熊》中的插图就是以它为模特绘制的。

霍加狓弹带

这条具有明显霍加狓毛皮特征、有着紫红色条纹的弹带，无疑是霍加狓的第一条正式记录。1900年，探险家哈里·约翰斯顿爵士（Sir Harry Johnston）兴奋地把它送到了大英博物馆。约翰斯顿爵士当时在非洲担任英国殖民地服务队等多项职务。他听说刚果栖息着一种神出鬼没、长腿且带斑纹的动物，但是从未有人见到过。他在乌干达要送一群刚获救的俾格米人回刚果家乡时，去寻找这一神秘动物的机会来了。那些俾格米侏儒正被绑架前往欧洲展览，这是一种当时很流行的娱乐节目。约翰斯顿在去刚果的路上，搜寻霍加狓毫无结果。回程在某一军事基地停留时，他发现了一个挂着霍加狓弹带的士兵，并立即从士兵手中买下了这条霍加狓弹带。这是他可获得的最接近此物种的证据。他急切地将这种全新、极不寻常的动物记录下来，而非去找到活物。这条弹带成了科学上第一个记载此物种的标本。这种动物也被命名为约翰斯顿霍加狓（*Okapia johnstoni*）。

塔斯马尼亚虎

袋狼亦称塔斯马尼亚虎，因其是人们记忆中体型最大的食肉有袋目哺乳动物而著称，也因其快速灭绝而闻名。它具有成为传奇的所有特征，体型似狗，身着虎纹，生活在遥远的塔斯马尼亚。袋狼并不像其名字那样，实际上很安静、害羞，个头与一条大狗差不多。与狗不同，袋狼幼崽出生时发育不全，要在母狼的育儿袋里待上3个月才能发育成熟。澳大利亚西北部发现了刻有袋狼的岩石，据说至少已有3000年的历史。尽管18世纪甚至近代仍有袋狼存活的报道，但狩猎的压力和澳洲野狗的竞争还是导致袋狼在澳洲大陆逐渐消失了。虽然不清楚袋狼对家畜有什么危害，但19世纪80年代社会上出现了对袋狼头的悬赏，每杀一只袋狼奖励1英镑。1936年时，袋狼种群数量大幅下降。政府开始禁止非法猎杀袋狼并把袋狼列为受保护物种，但为时已晚。59天之后，最后一只人工圈养的袋狼在霍巴特动物园死去。1986年，袋狼被正式宣布为灭绝物种。尽管如此，许多人依旧相信它们存活在荒野之中。前几年，有过几起声称见到袋狼的案例，但最终都没有确凿证据。

野牛角

这对华丽的野牛角曾被充当医疗费送给医生兼收藏家汉斯·斯隆。南肯辛顿博物馆1881年开馆之前，这对牛角就已是斯隆藏品的一部分。它们是被记录下的最大印度水牛（*Bubalus bubalis*）的牛角，每只角都几乎有2米长。这对角的年龄已超过250年，因而需要存放在稳定的环境中。相对湿度大概50%、温度16～18℃为存放和保护牛角的最佳条件。

除了斯隆，任何医生都可能会拒绝这种庞大笨重的付款方式。但斯隆不是其他医生，他痴迷于收藏。生活富裕让他有能力花费大量金钱购买一切吸引他的东西。1753年去世时，斯隆家中所有房间、走廊、地面都堆满了书籍、贝壳、硬币、雕刻、绘画以及其他东西。斯隆的藏品被用于创建大英博物馆。后来，大英博物馆博物部迁出，成立自然博物馆。

华莱士的婆罗洲猩猩

这只保存极好的红毛猩猩在19世纪中叶被博物学家阿尔弗雷德·拉塞尔·华莱士所射杀。它让我们回想起一个时代：在那个时代，这类标本打开了西方人的眼界，让他们看到了想象之外的地方和动物。我们现在已不会想去猎获（或“收藏”）这样的标本。华莱士和查尔斯·达尔文被誉为自然选择理论的共同创立人。华莱士花了8年的时间游历印度尼西亚群岛，研究了所有他能发现的生物。他采集了数以百计的标本，还在婆罗洲岛射杀了几只婆罗洲猩猩（*Pongo pygmaeus*，别名红毛猩猩）。华莱士还在《马来群岛》一书中写到此事。但他绝不是一个嗜血的猎人。他敬畏这些猩猩，还令人感动地写下了照顾一只新生猩猩孤儿的经历：“我用一只小盒子做摇篮，里面垫着一个柔软的垫子以便它可以躺着……当我给它梳理毛发时，它似乎十分开心，一动不动地躺在那里……开头几天，它不顾一切、手脚并用地拼命抓住所有能触及的东西，我必须小心翼翼地让我的胡子远离它。”

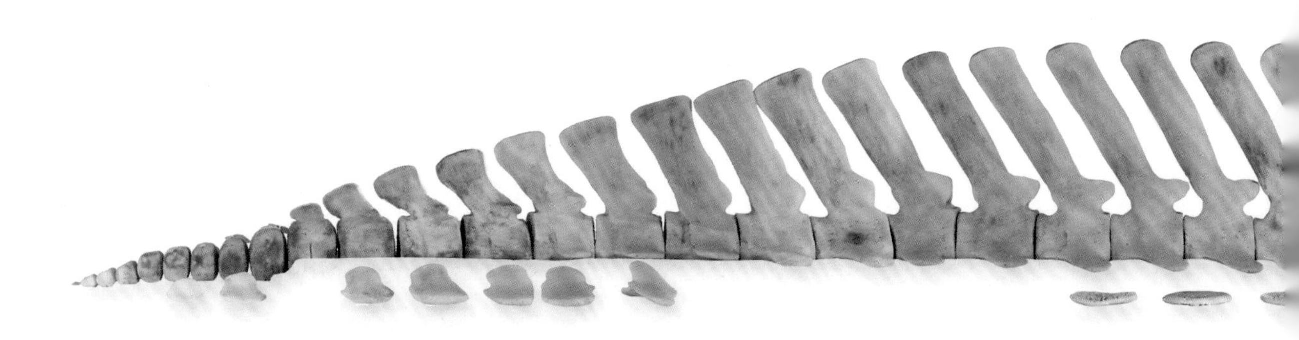

绦虫

1978年，一头3.8米长的虎鲸被冲到英国康沃尔郡的沙滩上。这条罕见的蠕虫（左图）就寄生在那只虎鲸肠道内。这种蠕虫被称为裂头绦虫（*Diphyllobothrium Polyrugosum*），其长度比虎鲸的身长还长。此前，人们只见过一次这种绦虫。这条绦虫的寄主是每年被冲到不列颠海岸的数以百计的动物之一。博物馆负责监测搁浅的动物，有关工作人员尝试营救那些还活着的动物，同时研究已死动物的遗体，以便了解搁浅发生的原因、哪种动物会搁浅以及在什么地方搁浅。绦虫可以完美地适应寄主：它们没有嘴巴和消化道，只需要躺在寄主的肠子里，等待寄主把食物消化好，再去吸收那些已消化好的食物。绦虫的繁殖极为简单，原因是绦虫成虫几乎全部由有生殖能力的节片组成，而且每个节片都能产卵。绦虫卵从鲸鱼粪便中排出后被虾食入，之后在虾体内长大。虾被鱼吃掉，鱼再被鲸吞掉。如此循环往复。这种蠕虫很少会杀死寄主让自己无家可归。

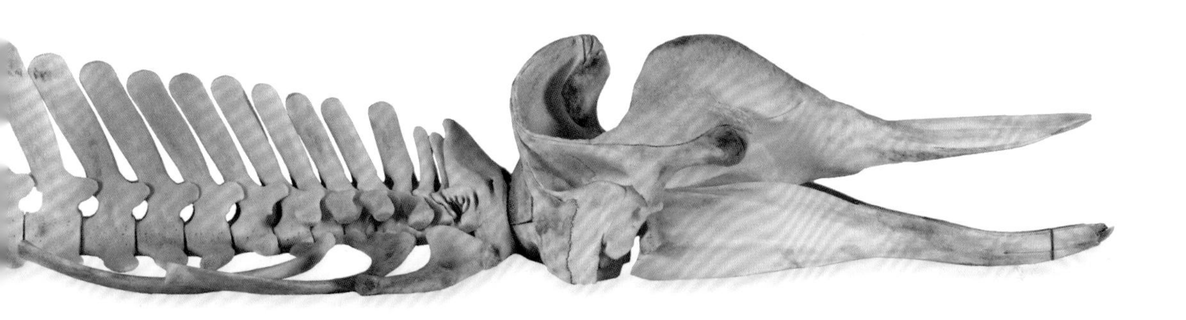

泰晤士河的瓶鼻鲸

2006年1月，一头6米长的北瓶鼻鲸在泰晤士河中逆流而上，游至伦敦市中心的艾伯特桥。一场重大的救援行动立刻启动，引起了报社和电视台的关注。数以千计的人们前来观看，3天后那头瓶鼻鲸还是死去了。它在离大海不远的地方死于脱水、肌肉损伤和肾衰竭。博物馆的科研人员被调来解剖瓶鼻鲸的尸体。他们花费了一整天的时间去切除瓶鼻鲸的脂肪和肉、取出骨头，并将骨头装袋、贴上标签以备清洗。基于公众利益，这头鲸的骨骼被保存在博物馆中，成为世界上较完好的鲸类研究藏品之一。

北瓶鼻鲸经常游经英国海域，它们的家通常在北大西洋到北极圈之间的深海。这头不到10岁的雌鲸逆流游进泰晤士河的原因并不清楚。研究其骨骼和组织有助于科学家更了解这些动物以及它们在不同季节的食物和活动区域。

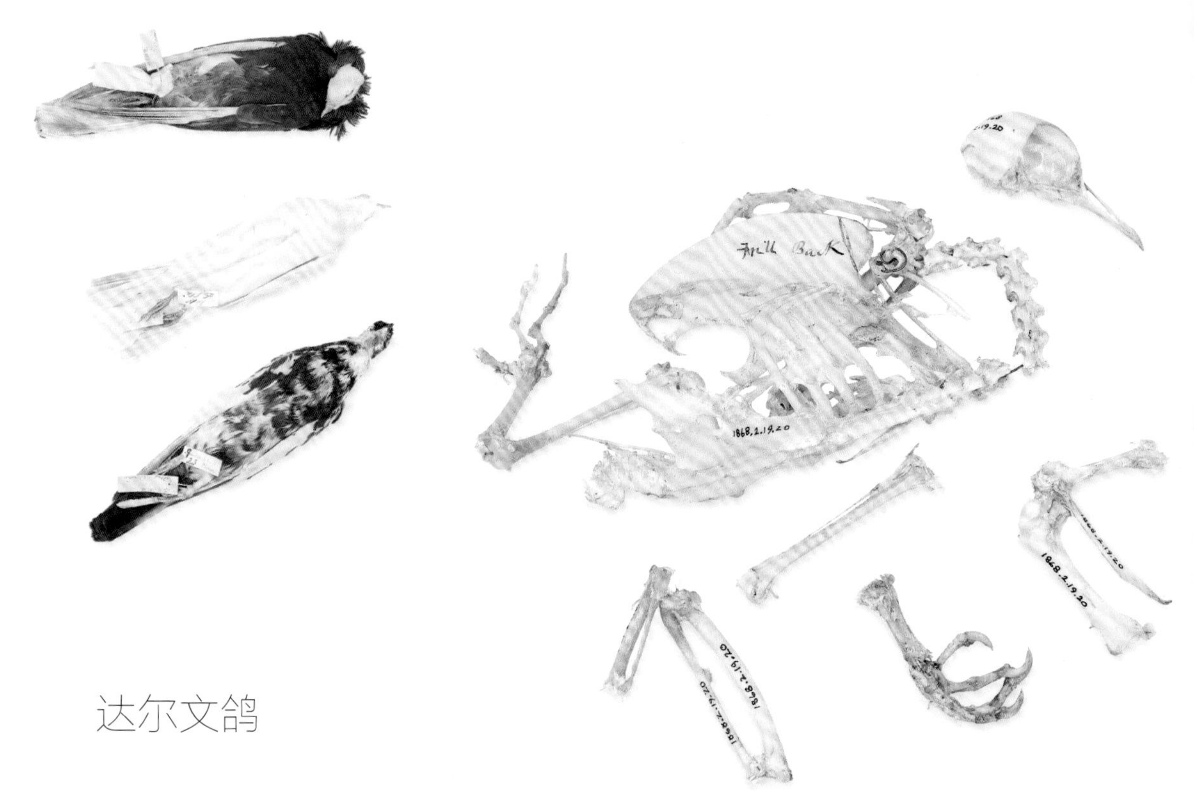

达尔文鸽

查尔斯·达尔文在1867年和1868年将自己收藏的旅鸽标本捐赠给大英博物馆。这些标本成为博物馆家禽藏品的一部分，其中有鸭子、鸡以及金丝雀等。鸽子标本上还带有达尔文手写笔记和标签，在一些骨头标本上甚至还看到他的手写字迹。这60个皮肤标本以及60个骨骼标本曾对达尔文自然选择的进化理论有着至关重要的启示，《物种起源》中有相关详细描述。这些带有个人笔记的鸽子标本几乎保持着它们被达尔文移交时的原状。这些与达尔文跟随皇家海军小猎犬号航行采集的鸟类标本不同，那批标本的原始标签大多已丢失了。达尔文用鸽子来研究进化的过程。他学着饲养鸽子，还与远在印度和伊朗的鸽子专家通信，尝试培育更极端的性状。例如，恰当地亲代选择是否能够培育出有更多尾羽的后代呢？他确实做到了。达尔文得出了一个结论：后代在野外会继承父母那些有助于生存的性状，几百万年间物种就会发生变化。达尔文还得出一个结论：所有驯养的鸽子都来源于一个共同的祖先——原鸽。

达尔文嘲鸫

很多人认为，加拉帕戈斯群岛雀类的多样性引起了查尔斯·达尔文对该岛的关注。实际上，是这只羽毛不太整洁的鸣鸟——查尔斯嘲鸫（*Nesomimus trifasciatus*）[1]引起了他的注意。这只鸟是达尔文自然选择进化理论的启蒙种子，达尔文用了20年的时间来完善进化论。这件标本是第一只被科学描述的查尔斯嘲鸫，它作为模式标本闻名于世。1835

① *Nesomimus* 后来归入 *Mimus* 属，因此与后文的 *Mimus trifasciatus* 为同一种，即查尔斯嘲鸫。——译者注

年达尔文抵达加拉帕戈斯群岛时，他注意到了弗雷里安纳岛上的查尔斯嘲鸫，他还在其他岛屿上发现了与这种鸟相似的种类。达尔文在《研究日记》（*Journal of Researches*，即《小猎犬号航行日记》）中写道："将大量不同标本放在一起比较时，第一次深深地引起我的关注……使我大为吃惊的是嘲鸫类，我发现查尔斯岛上的都属于同一物种——查尔斯嘲鸫（*Mimus trifasciatus*），而伊莎贝拉岛上的都是加岛嘲鸫（*M. parvulus*），詹姆斯和查塔姆群岛上的则属于圣岛嘲鸫（*M. melanotis*）。"

达尔文雀

加拉帕戈斯群岛上的达尔文雀或许是有史以来最有名的鸟类。它们是进化演变过程中的完美模型。在进化过程中，喙的形状会适应食物。这13种雀看起来都大致相同：棕色或灰色，有着麻雀大小的体型。它们的喙都巧妙地适应了食物，迥然相异。以坚硬种子为食的雀有着大而强壮的喙，以微小的虫类为食的雀则有着小而尖的喙。许多人认为，这些雀类点燃了达尔文自然选择的思想火花。达尔文最初却并没有意识到它们的重要意义。实际上，他甚至不知道这些鸟都是雀类。他在历时5年的小猎犬号航行中采集了这些鸟。这趟旅行激发了达尔文对生物的多样化如何形成的深刻思考，从而写下了《物种起源》一书，并于1859年出版。达尔文当时以为这些鸟标本属于多个种类，包括鹪鹩、鸫类、雀类和莺类，所以没太费心标明这些鸟分别来自哪个岛屿。直到英国著名的鸟类学家约翰·古尔德鉴别出这些鸟是具有相近亲缘关系的雀类，那些支离的断片才开始拼成完整的故事。对达尔文进化论起到更关键作用的则是那只不起眼的鸽子（见P160）。对鸽子进行选育得出结论：不同的性状可以在代际培育过程中得到放大。

渡渡鸟

渡渡鸟（*Raphus cucullatus*）是灭绝物种的象征，也是博物馆有名的标本之一。这只举世闻名鸟类的装裱皮肤没能保存下来，我们只能通过骨架和人工重建模型来描绘渡渡鸟活着时可能的模样。据说，这个模型用汉默史密斯桥附近非法剥取的天鹅幼鸟羽毛制成。渡渡鸟被弄成了一只胖鸟的造型。后来的证据表明，渡渡鸟并不是我们想象中那样又圆又胖、有点滑稽。渡渡鸟是鸽子近亲，栖息在非洲东部海域的毛里求斯岛。由于没有天敌，其种群曾十分兴旺。渡渡鸟胸骨不发达，无法支撑飞行所需要的强健肌肉，所以只能在地面觅食水果和干果。17世纪初，人类的到来打破了渡渡鸟的平静生活。老鼠、猫和猪随着人类来到了岛上。渡渡鸟在地面上的巢穴成了新来动物的攻击目标。随着森林被砍伐，渡渡鸟的食物来源也越来越少，最终导致17世纪末最后一只渡渡鸟死亡。1865年，一项有关渡渡鸟的早期科学研究由博物馆首任负责人理查德·欧文主持，那时渡渡鸟已灭绝近200年。2005年，博物馆科学研究人员在毛里求斯岛上被称为马里松沼泽的沿海区域，协助挖掘了许多保存完整的渡渡鸟遗骸，其中还有雏鸟。2006年，他们还从一个地势较高的洞穴中协助挖掘了一具完整骨架。这两项发现将会揭示出这种具有象征意义而我们对之所知甚少鸟类的更多信息。

鸭嘴兽

任何事物都不能像鸭嘴兽（*Ornithorhynchus anatinus*）那样令科学界深感迷惑。这是第一件从澳大利亚带到欧洲的鸭嘴兽标本。当它1798年抵达欧洲时，科学家们认定它是赝品。身披毛皮的动物怎么会有鸟喙？那时，常有一些残留的动物碎片被拼接在一起再被贩卖。这只鸭嘴兽不光外表看起来古怪，其内部也非常奇怪。如果如毛皮所示这是一种哺乳动物，那么它的子宫和乳腺以及其他哺乳动物具有的典型特征又在哪里？鸭嘴兽没有这些特征。科学家们经过1年时间的仔细研究，才相信鸭嘴兽并不是一个玩笑，而是一种全新的具有重大科学价值的动物。鸭嘴兽和针鼹作为单孔目动物，被认为是仍然活着的最原始哺乳动物。它们是卵生而非胎生的哺乳动物。鸭嘴兽是已知的唯一一种能检测电场（它借此寻找猎物）的哺乳动物，也是为数不多的能分泌毒素的哺乳动物之一。

伪造的小鸮

这只极其罕见的林斑小鸮（*Athene blewitti*）是得自悲剧的珍宝。林斑小鸮在野外消踪匿迹已有100多年了。1954年，狂热的鸟类收藏家理查德·梅那茨哈根上校（Colonel Richard Meinertzhagen）捐赠了这件标本，并声称40年前亲自捕获了它。真实的情况是，梅那茨哈根从博物馆偷出这件标本。他去除了一些头骨碎片，扭曲了标本双腿并洗净了标本，更换了标签，又添加了采集地的伪造信息。在伪造过程中，他毁掉了已知的仅有的7件小鸮标本之一。事实上，这7件标本都采集于19世纪70年代和80年代。科学家们了解来龙去脉之后深受启发，于1977年前往印度——林斑小鸮的真正栖息地进行搜索。他们在命运的非凡逆转中，终于找到了林斑小鸮的踪迹。梅那茨哈根的造假事件成了新闻界的丑闻，这也不是他的唯一丑闻。他曾向博物馆捐赠了2万件鸟类标本，虽然有些是真的，但很多都伪造的。许多标本的标签都信息有误。比如，两只罕见的翠鸟标记为在缅甸采集，实际在中国采集。梅那茨哈根一直被怀疑盗窃博物馆，还有两次几乎被告上法庭并被禁止参观博物馆18个月。

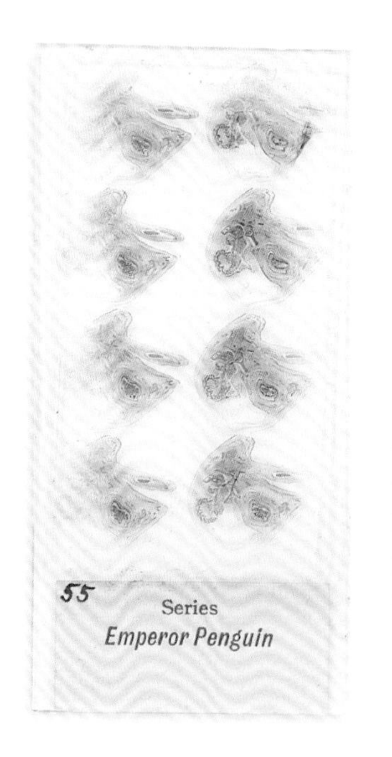

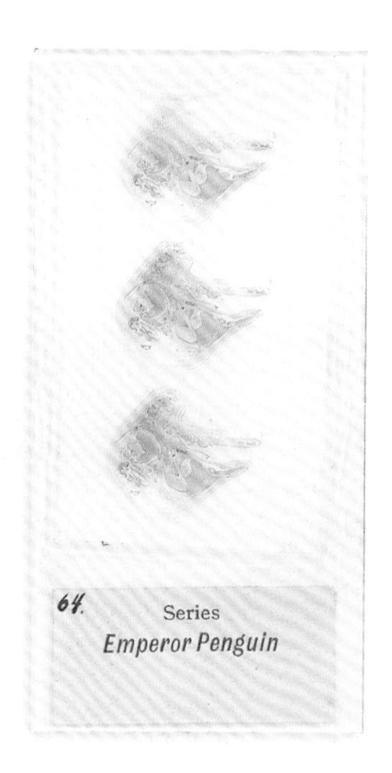

威尔森采集的帝企鹅蛋

这只企鹅蛋和另外两件标本以及胚胎（上图）采集于英国特拉诺瓦号南极探险途中。虽然它们不是独一无二或来自濒危物种，但背后有着一个悲惨感人的故事。在斯科特船长带领的探索号第一次南极探险途中，探险队中的动物学家爱德华·威尔森（Edward Wilson）检查了3只帝企鹅幼雏。威尔森发誓要回到南极采集企鹅蛋，不惜一切研究企鹅的胚胎，验证鸟类是由爬行动物进化而来的理论。因此，威尔森1911年再次加入了斯科特船长的特拉诺瓦号第二次南极远征。他在好友及同事亨利·罗伯逊·鲍尔斯（Henry Robertson Bowers）和埃普斯勒·薛瑞-格拉德（Apsley Cherry-Gerrard）的陪同下，离开主营寻找企鹅群落。他们面对着凛冽寒风和巨大冰脊，在令人难以忍受的艰苦条件下拉着越来越沉重的雪橇。19天之后，他们终于采集到5个珍贵的企鹅蛋，但有两个破了。回到营地之后，威尔森和鲍尔斯被选入斯科特组织的团队，向南极点做最后冲刺，结果他们一去不复还。带着痛失队友的悲哀，薛瑞-格拉德担负起将胚胎和蛋壳亲自送往博物馆的任务。3个企鹅卵中的两个被制成上百张切片，最后一个的胚胎被放在乙醇里保存。当报告最终发表时，胚胎能够证明鸟类与其爬虫类祖先之间联系的理论在很大程度上已被摈弃。

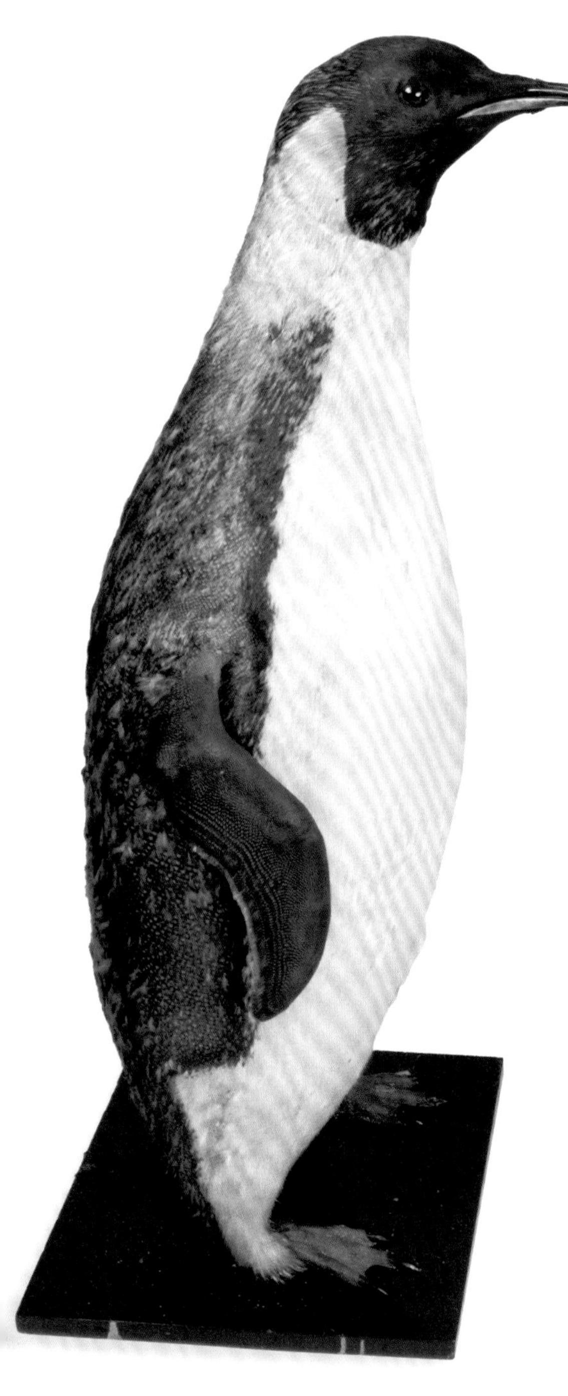

帝企鹅

这是1839—1843年之间采集到的早期帝企鹅标本之一。我们今天对帝企鹅已是耳熟能详，因此很难想象人们第一次见到它们时的情景，那种兴奋经久不息。这件标本由22岁的年轻博物学家约瑟夫·道尔顿·胡克（Joseph Dalton Hooker）在南极水域采集，他当时是英国海军黑暗号和恐怖号寻找南磁极之旅的探险队员。胡克忙于收集记录各种新标本，还兼任助理外科医生，也许他还做过将1米高（40多千克重）的企鹅拖上船的协助工作。胡克回到英国后，其他博物学家和专家前来对其采集的所有标本进行了评定和命名。这只大鸟被正式命名为帝企鹅（*Aptenodytes forsteri*），以纪念博物学家约翰·福斯特和乔治·福斯特父子。这对父子参加了詹姆斯·库克船长的第二次奋进号环球之旅。1897年，胡克将自己收藏标本的一小部分卖给了沃尔特·罗斯柴尔德，这件企鹅标本就在其中。沃尔特是一个狂热的收藏家，他在赫特福德郡的特林创建了自己的私人博物馆。1937年，沃尔特去世后，其私人博物馆被移交给自然博物馆。该博物馆现在仍对公众开放，许多标本依然被放在原来的陈列柜中展示。

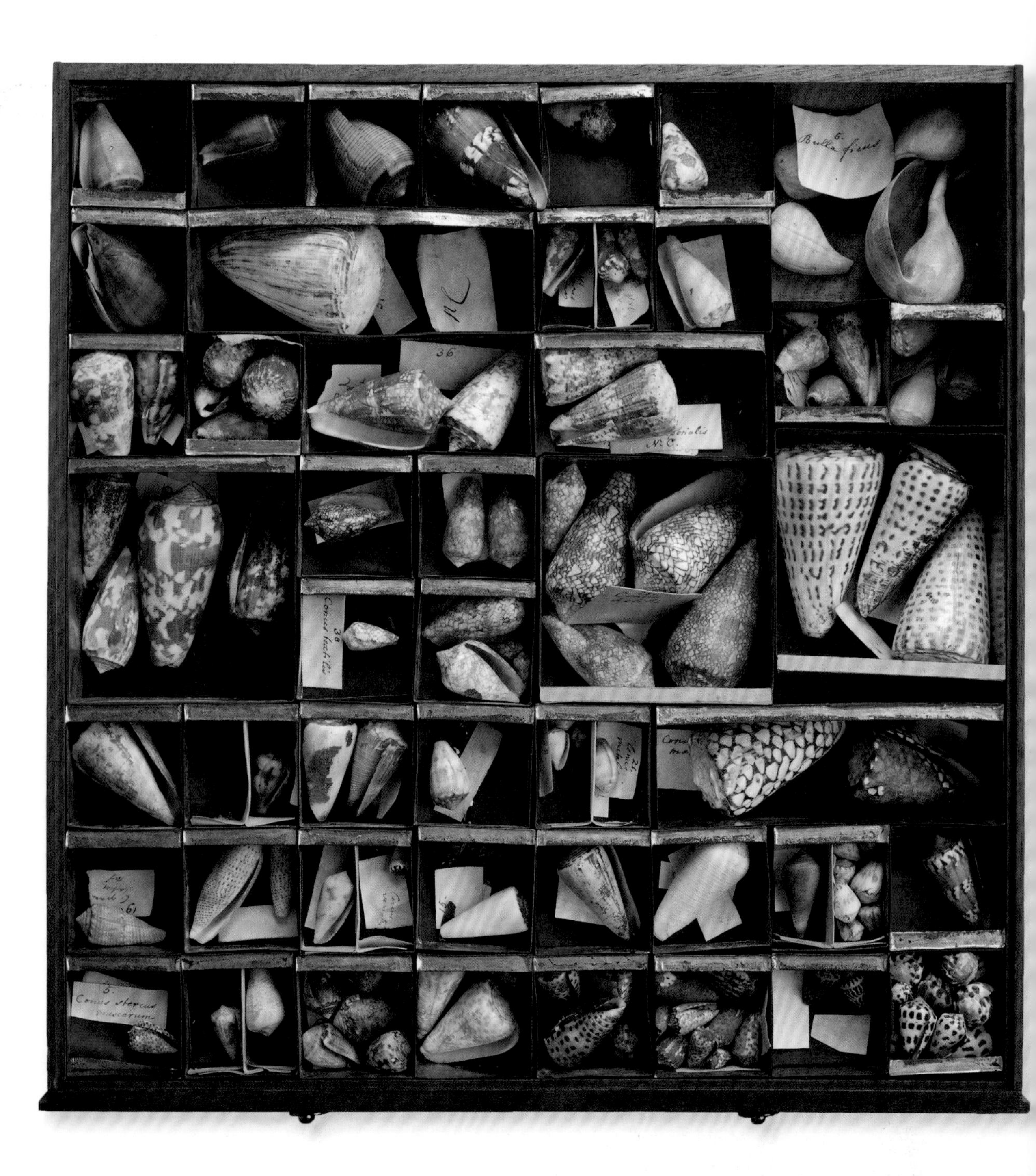
Bulla ficus
Conus stercus muscarum

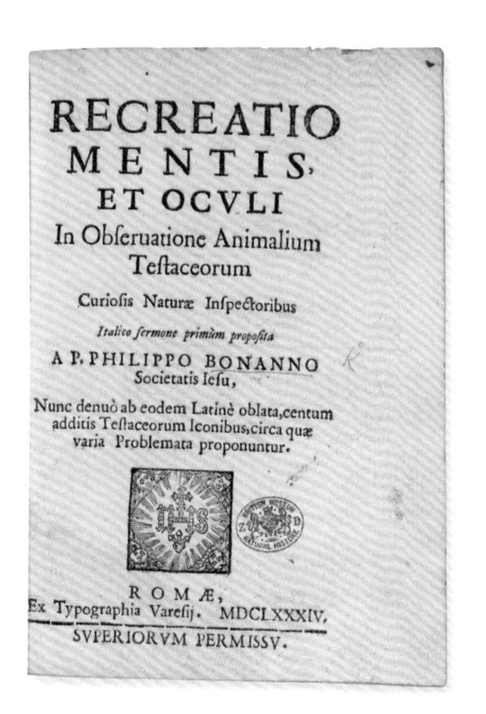
RECREATIO
MENTIS,
ET OCVLI
In Obſeruatione Animalium
Teſtaceorum
Curioſis Naturæ Inſpectoribus
Italico ſermone primùm propoſita
A P. PHILIPPO BONANNO
Societatis Ieſu,
Nunc denuò ab eodem Latinè oblata, centum
additis Teſtaceorum Iconibus, circa quæ
varia Problemata proponuntur.
ROMÆ,
Ex Typographia Vareſij. MDCLXXXIV.
SVPERIORVM PERMISSV.

贝壳托盘

这一盘贝壳曾属于约瑟夫·班克斯爵士，他是其生活时代最具影响力的科学家之一。班克斯爵士毕生致力于研究，使这些贝壳成为在科学上和历史上都有着深远意义的遗产。1863年，这些贝壳被装在一个小红木柜中送到了博物馆，7个抽屉都放满了塞着贝壳的金属罐。当时，博物馆到处都堆放着捐赠的标本，因此小柜子就被搁置一旁了。当研究员们开始慢慢筛选、加签和归类整理积压的捐赠标本时，作为遗产启迪并鼓舞人心的自然知识越来越具影响力就越发凸显，班克斯爵士收藏的标本也越发具有意义和价值。有些贝壳采集于库克船长的第一次奋进号环球之旅（1768—1771）途经的巴西、塔希提岛、新西兰和澳大利亚等地海岸；有些贝壳来自非洲、巴哈马、北美和地中海。很多贝壳标本仍带着由植物学家丹尼尔·索兰德（Daniel Solander）最初书写的标签，索兰德曾担任班克斯的秘书。

第一本贝壳书

这是一本专门描述贝壳之书，由一位意大利牧师菲利普·博纳尼（Philippo Buonanni）在1684年著绘。一些插图（例如花园蜗牛）显示博纳尼极为通晓这一题材；其他插图却给人以任想象飞驰的愉悦，博纳尼在某些领域发挥想象力，描绘出了那些栖息于异国的海洋贝壳。

此书迈出了探索自然界的精彩第一步，为后人收集更多资料或加以修正奠定了基础。不幸的是，所有的插图都是倒置的，贝壳被显示为左旋，这在自然界中极为罕见。这是因为博纳尼只是画出了他见到的贝壳，而不是画出贝壳的镜像图。因此，当这些图被刻在印刷版上、随后再翻转印刷时，印刷出的图像就是实物的镜像了。这是几个世纪以来插图画家们常犯的错误。虽然现代印刷工艺可以消除这些问题，但图像印反仍是一个极易发生的错误。

五颜六色的蜗牛

这些艳丽多彩的蜗牛壳乍看好像是手绘的，其实它们是大自然这一色彩缤纷画廊的杰作。更有趣的是，尽管每只蜗牛的图案都不同，它们却属于相同的物种——五彩蜑螺（*Neritina waigiensis*）。同一物种有多变外观的现象，被称为生物的多态性。外观不同的优越之处既简单，又发人深省。如果外观看起来都一样，那么天敌在捕猎时就只需记住或寻找一种图案。有着多种不同的图案会让天敌更加困惑，还会花费更长时间记住所有图案。

新西兰海燕

这件皮肤剥制标本是世界上仅有的能够证明新西兰海燕是活物种的3个标本之一。这是第一件描述新西兰海燕的标本。科学家通过比较它和后来捕获的鸟，可以准确判断新西兰海燕消踪匿迹150年后依然存活的传言是否属实。人们对新西兰海燕（*Oceanites maorianus*）的了解来源于19世纪初采集到3个标本和一些化石。直到2003年，一只黑白色的鸟在新西兰北岛海域一群观鸟者眼前飞过，人们才对它有了更多了解。那只新西兰海燕出现在人们视线之内仅有几秒钟。人们看了拍下的照片，才意识到这只鸟翼下和腹部的标记与已经灭绝的新西兰海燕十分吻合。然而，这可能吗？这些照片被上传到了互联网上，专家的意见存在分歧。如果不是同年稍后有两个观鸟者租了一条小渔船，这个疑问仍会是不解之谜。那两个观鸟者在海上用鱼屑引诱飞鸟时，看到了另一只新西兰海燕并成功将之拍录了下来。现在，科学家们还抓到了活鸟。通过对比已捉到鸟的DNA和标本的DNA，就可以一劳永逸地验证新西兰海燕是否灭而复生。

汉密尔顿青蛙

汉密尔顿青蛙（*Leiopelma hamiltoni*），又名哈氏滑蹠蟾，可能是世上最稀有的蛙类之一。此类蛙单独个体不长于5厘米，整个种群都栖息在新西兰史蒂芬岛上的一片岩石丛中。博物馆极为幸运地拥有一件汉密尔顿青蛙标本，标本于1922年由新西兰疆域博物馆捐赠。汉密尔顿青蛙生活的岩石丛又被称为蛙库，有两个网球场那么大。它们隐蔽生活在岩石间，在岩石堡垒之外不太可能看到它们。1915年，疆域博物馆的H.汉密尔顿先生首次发现了这种青蛙。因为很少被人见到，所以它们一度被认为已经灭绝。一些前来寻找这种蛙的收藏家只能听到它们在岩石深处发出的叫声又失望而归，有些人甚至连叫声都没听到。除非挖出岩石对它们进行一一计数，否则不可能估计出汉密尔顿青蛙的数量。1958年，附近莫德岛上又发现了数以千计的蛙。1998年进行的DNA分析表明，新发现的种蛙与汉密尔顿青蛙有亲缘关系，但不同种。这让汉密尔顿青蛙再次被认定为一个独立物种。

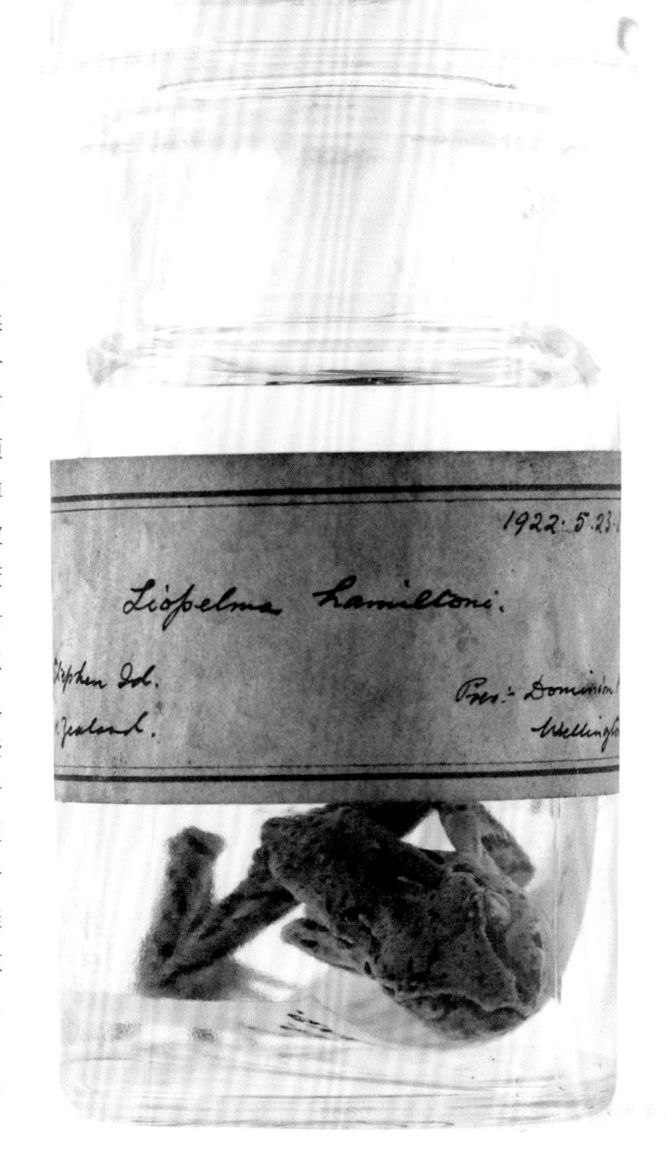

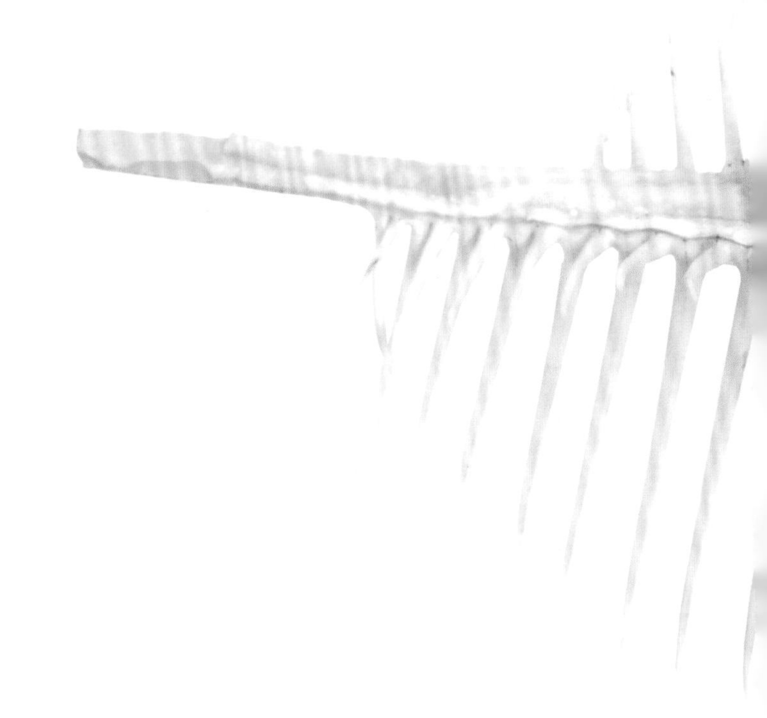

来自海洋的丝绸——鲛绡

这只精致的手套制于18世纪初，用华贵江珧（*Pinna nobilis*）的细长金色“胡须”织成。数百年来，人们一直把这种地中海大型软体动物产生的细丝线当作“海洋开司米”并大量采集。以普利亚区的塔兰托为中心，意大利南部和西西里岛还形成了规模可观的产业。这种软体动物从足部腺体分泌出线刷，又被称为足丝。足丝能够将其外壳固定在海底。人们收集足丝，清洗、梳理之后将其纺成细纱，做成昂贵的手套、披肩以及长袍。据说，教皇本笃十五世（Pope Benedict XV）和维多利亚女王都曾拥有保暖功能的鲛绡长袜。因为每只贝壳只产1克纱，所以19世纪足丝在欧洲被传统丝绸工艺所取代。第一次世界大战之后，足丝的使用最终销声匿迹。这只手套是6只（3双）藏品中的一只，6只手套每只现在都依然柔软至极。

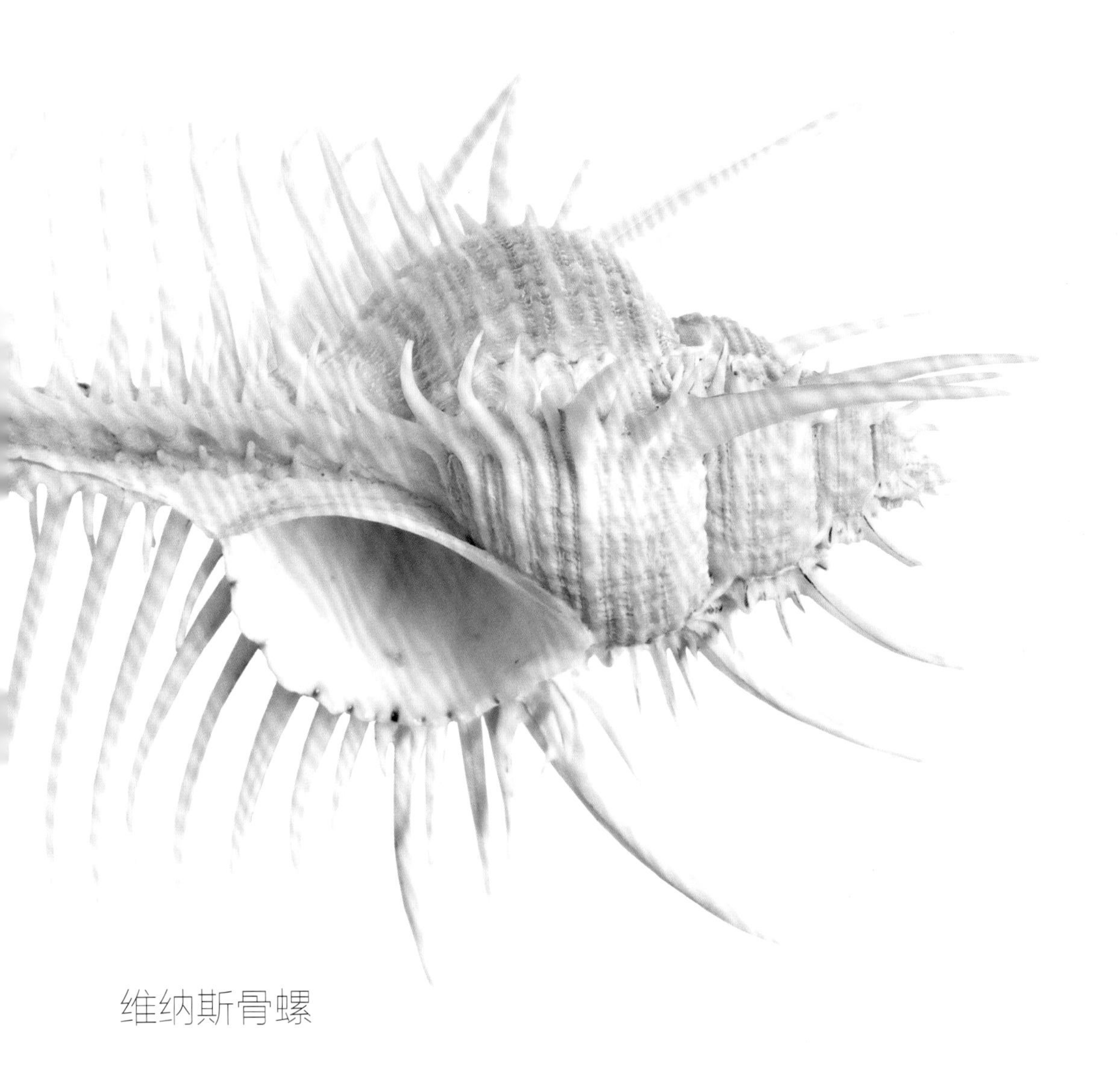

维纳斯骨螺

虽然这只海洋蜗牛（*Murex pecten*）并不算罕见，但其外壳十分引人瞩目。这只海洋蜗牛被许多针状尖锐长刺间距均匀地覆盖着。手掌大小贝壳的长刺保存得精美完好，人们却并不了解这些长刺的功能。人们提出了几种设想：一种设想认为长刺起防御作用，阻止如蟹和鱼等天敌的攻击。当海洋蜗牛被咬住时，被锋利尖刺扎了嘴的天敌就会立即放开它。另一种设想认为长刺有类似雪鞋的功能，防止骨螺陷入或滚进软泥。有规则的间隔还让人想到长刺有类似笼子的功能，可以罩住移动的贝类等猎物使之无法逃走。这种食肉海洋蜗牛栖息在印度洋及向东远至斐济的太平洋浅水海域。它们在泥砂质的海底爬行，海水可通过其外壳末端的虹吸管流动。虹吸有助于蜗牛“闻到”周围海水的气味，不断接收到附近天敌或猎物放出的化学信号。

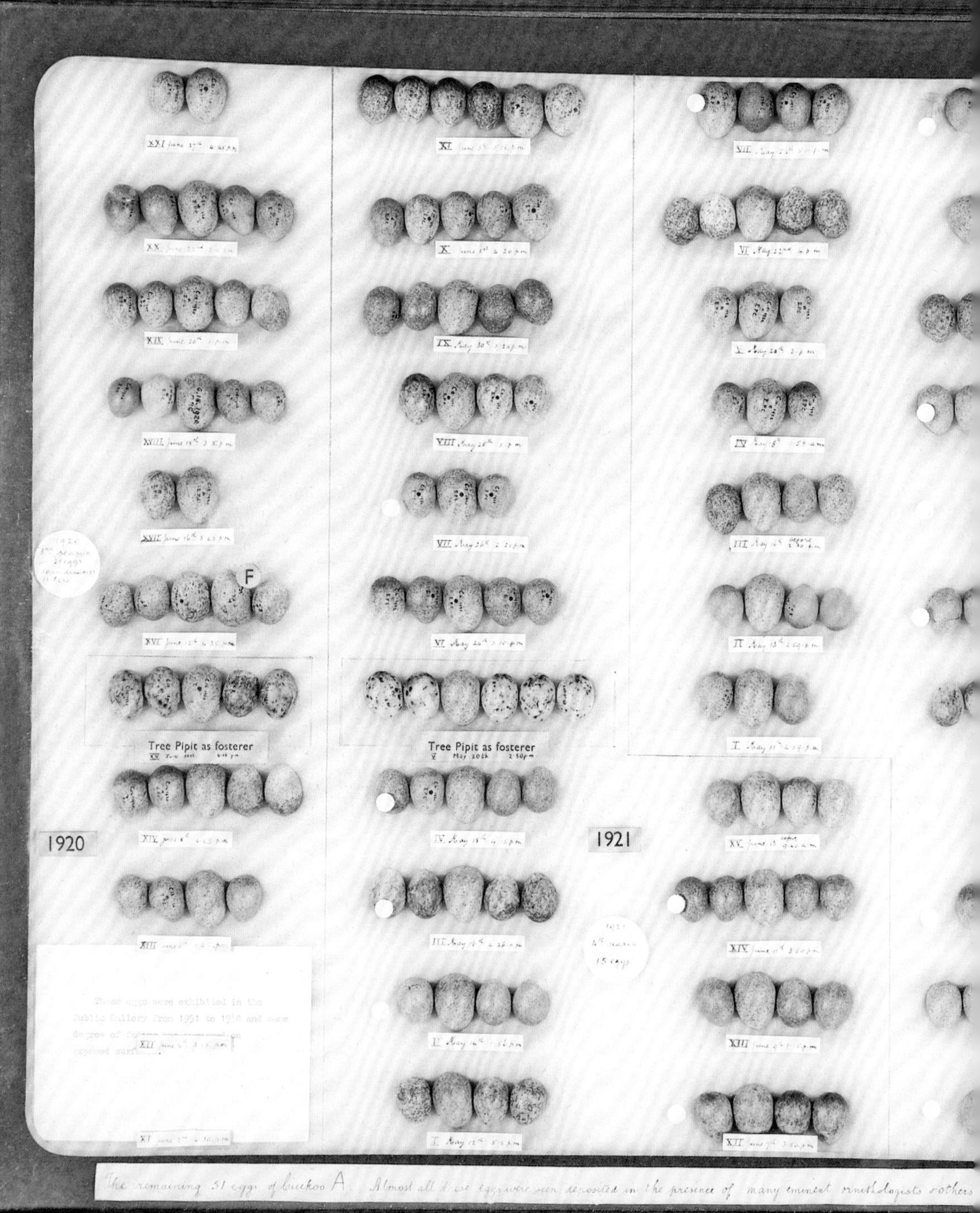
Tree Pipit as fosterer
Tree Pipit as fosterer
1920
1921
14

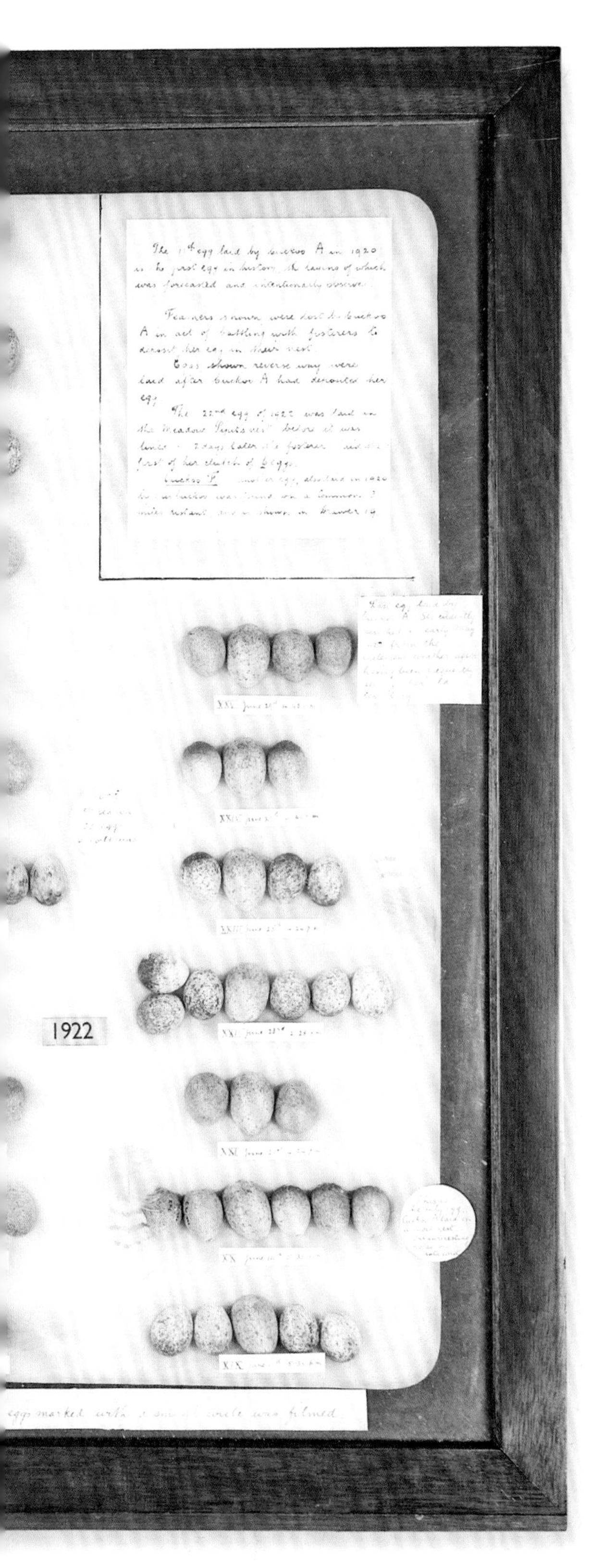

杜鹃和寄主的卵

鸟类学家埃德加·珀西瓦尔·钱斯（Edgar Percival Chance）收集了2.5万枚鸟卵，这些鸟卵比任何其他单项鸟卵收集都更能揭示大杜鹃那隐秘且不光彩的生活。钱斯多年来致力于揭开雌杜鹃在其他鸟类巢内产卵的秘密，并成为拍下杜鹃这一行为的第一人。1918年夏天，钱斯在伍斯特郡的公有地开始了仔细观察鹨、云雀、黄鹀和石鵖鸟巢的工作，这些鸟类都是常见的杜鹃受害者。钱斯注意到，杜鹃会在寄主产卵期间产下自己的卵。他还推断出，杜鹃会密切监视寄主的鸟巢因而知道什么时候可以接近。第二年，钱斯回到那里反之观察杜鹃。37个抽屉装满了鸟卵，有杜鹃的卵，也有寄主的卵，这些卵由钱斯和其朋友们采集。一些杜鹃卵的颜色和图案与寄主卵的颜色和图案惊人相似，简直可以被称为进化的不可思议成就。钱斯拍录的片子揭示了杜鹃残忍孵卵方式的细节。雌杜鹃先移走一枚寄主的卵，然后将自己的卵产在寄主卵之前所在的位置。杜鹃的卵通常最先被孵化出来，以保证它的雏鸟会被不知情的寄主双亲最先喂养。杜鹃的幼雏甚至还会把寄主的卵和幼雏推出巢外。

式根岛海绵

式根岛海绵（*Discodermia*）有望成为治疗乳腺癌的依赖。实验室试验表明，式根岛海绵能分泌一种有着惊人阻止细胞分裂能力的化学物质。癌细胞危险的原因正是其迅速分裂的能力。此类化合物在迄今为止的试验中，都有效地阻止了癌细胞的生长，同时它也使其他细胞停止了发育。过于强烈的效果对患者并没有多少益处。找到那个最佳浓度可能是迟早的事情。式根岛海绵以固着生活的方式栖息在北美和加勒比附近海域的海底。如果危险逼近或有其他生物生长于其上，式根岛海绵则根本无法躲避，所以它会分泌一种化学物质在周围营造出敌对氛围。即使有新芽生出，这个新芽也只有随海潮漂至足够遥远的地方才能生存。人们最开始在陆生植物身上寻找自然疗法，很快就为找到拯救生命的新药而将探查领域转向海洋。博物馆有植物库和海洋脊椎动物库。它们被称为化学礼物，供寻求治疗方法的人们研究和测试。

巨乌贼

人们对巨乌贼（*Architeuthis dux*）了解甚少，以至于这条8.62米长的动物2004年在马尔维纳斯群岛沿海被捕获时还登上了头条新闻。这只昵称为阿奇的巨乌贼，被捕获后立即被放在冰上，随即被送往博物馆。这一珍贵标本的解冻过程十分复杂，研究人员用了3天的时间严密监测。解冻工作面临的挑战是要确保其致密的身体、头部与纤细的触须在同一时间解冻，防止任何部位分解腐化。这只乌贼解冻后被安置在一个特制的箱子里，放在博物馆的达尔文中心展示。

我们对巨乌贼的了解大多来自在抹香鲸胃里找到的乌贼残骸，因为巨乌贼是抹香鲸的主要食物。科学家们试图通过考察巨乌贼的身体结构［例如羽状壳（笔形内壳）、眼睛晶状体和耳石（感受器官）］来估计其寿命和生长速度。它们大概能长到14米长，长有布满硬质锯齿的吸盘和强有力的喙，眼睛有足球那么大。巨乌贼究竟如何发育和成长、怎样求偶、属于独居动物还是群居动物等问题，依然是未解之谜。至于比巨乌贼还大的大王酸浆乌贼，人们了解得就更少了。大王酸浆乌贼的套壳（身体）更大，体重也比巨乌贼重出更多。下图就是一件完整的巨乌贼标本。

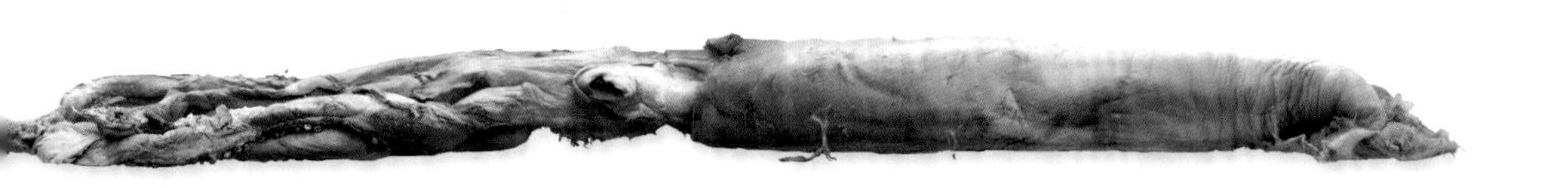

喙头蜥

喙头蜥是一种典型的活化石。从2.25亿年前最初进化形成到现在，它没有丝毫变化。在1867年重新考证这一独立标本之前，人们一直认为这种类似于蜥蜴、体长约50厘米的生物已经灭绝了。这只喙头蜥最初被鉴定为蜥蜴。人们对其结构进行了仔细观察，才认出了其真实身份：它是一只喙头蜥。喙头蜥在野外很少见。鉴于喙头蜥只栖息在新西兰沿海大约30个极为凹凸险峻的岛屿上，这就不算奇怪了。这些岛屿无人居住，险境莫测。即使探险家冒险来到岛上，也不太容易见到它。这种古老的爬行动物只在夜晚出来活动，其活动范围也极为有限。喙头蜥6000万年前，在此外的其他地域消踪匿迹。喙头蜥和其他爬行动物一样，没有耳孔。它们尤为原始，雄性没有阴茎。尽管目前多数存活的爬行动物牙齿磨损后能够换齿，喙头蜥却失去了这个能力。它们也是生长速度最慢的爬行动物，20岁左右才性成熟，寿命可达100岁。

中华绒螯蟹

中华绒螯蟹能长到餐盘那么大，它的螯还长有独特的刚毛须。这些毛须酷似羊毛手套，因而其名源于希腊词汇Eriocheir sinensis，意为中国羊绒螯。人们并不清楚这些毛须的真正功能，科学家们目前在专注于控制它们在伦敦泰晤士河中的大量衍生。自20世纪80年代末以来，中华绒螯蟹已在泰晤士河中酿成了危害。中华绒螯蟹的溞状幼体和幼蟹吸附在船舶的压载水箱上，大概从某些欧洲东北部国家来到英国。中华绒螯蟹在那些国家泛滥成灾。当船舶把压载箱内的水泵出时，幼体就借机随之迁入当地的水道和河流。目前中华绒螯蟹在泰晤士河中的种群数量日趋兴旺。它们在河岸堤边挖洞会造成危害，河堤上洞的密度达到一定数值就会导致河堤塌陷。

蜂鸟箱

这个讨人喜爱的蜂鸟展箱是19世纪的奢华之最，箱内布满了上百只微型小鸟。这是对迷人生物多彩多样的赞美。箱内小鸟大多不超过一根手指的长度。这个展箱从何而来、谁购买了它，没任何相关文字记录被找到。1819年，曾有一个类似的展箱在伦敦皮卡迪利广场的威廉·布洛克博物馆进行拍卖。此类展箱在当时极为流行，美丽羽毛成为这些鸟类种群最终衰落的原因。木制框架的展箱有一人高，箱内覆盖着苔藓的树枝因布满小鸟而显得沉甸甸的。每只小鸟都栩栩如生，或是忙于筑巢，或是正要起飞。蜂鸟极小，其体长大多在6~12厘米之间。古巴的微小吸蜜蜂鸟只比一个茶袋稍重。雄性蜂鸟的色彩尤为鲜艳，亮丽的羽毛不仅可以吸引配偶，也能对潜在的对手发出强者信号。美洲各地都有蜂鸟栖息，从安第斯山脉到热带雨林。如果深入探索这些地区，也许还会有新的物种被发现。

E2

蓝鲸模型

1937年，自然博物馆制作了一个蓝鲸模型，给人们留下了深刻印象。自从那时候起，它就一直吸引着人们前来参观。这个模型长27米，在当时是世上最大的鲸模型。它太大了，因此需要在展厅内从零开始建造。那么，如何开始制作世界上最大的动物呢？1936年，模型制造师珀西·斯塔姆维茨（Percy Stammwitz）和斯图尔特·斯塔姆维茨（Stuart Stammwitz）参照已捕获或搁浅在海滩上的鲸照片以及相关记录做出了一个2米长的模型。1937年，制作中期全尺寸模型的工作开始了。他们不是采用浇铸做出蓝鲸身体的不同部件再组合，而是用木料和金

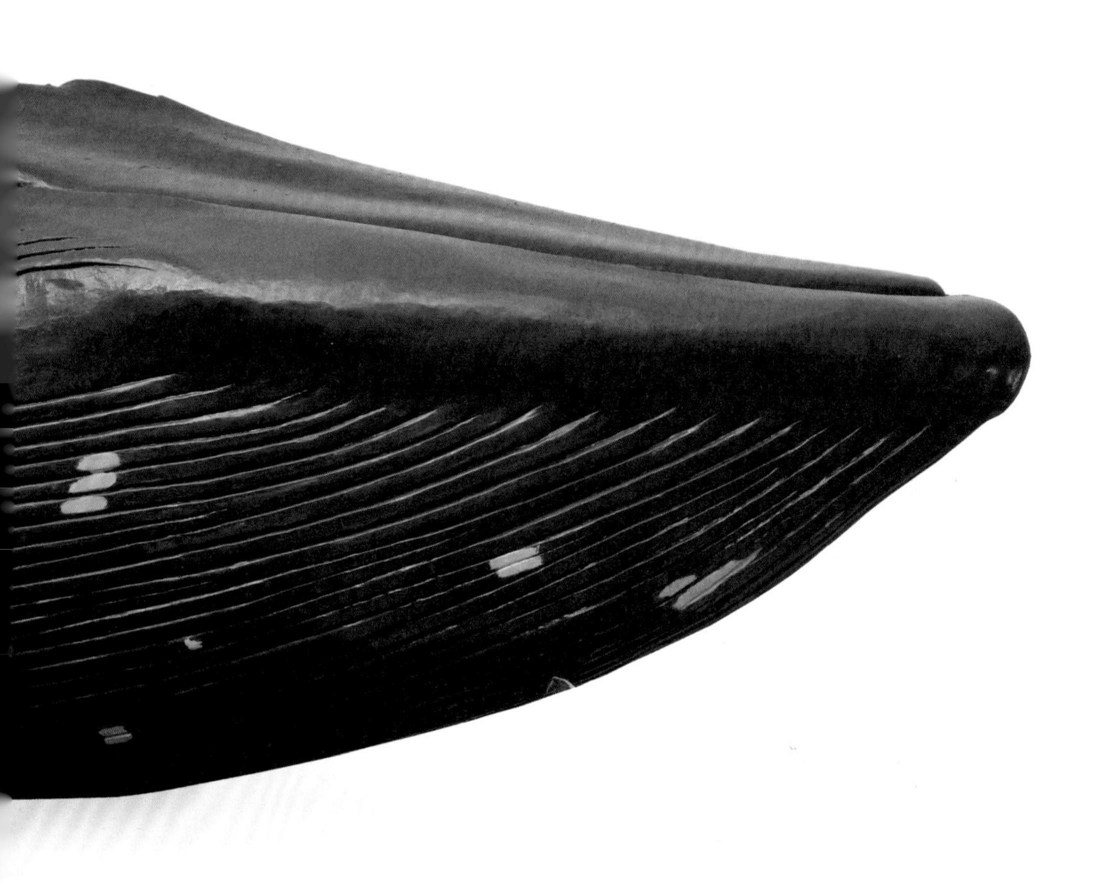

属网做出完整的蓝鲸框架，再直接填充石膏，最后在外表着色。

70年过去了，这个蓝鲸模型依然是参观者的最爱。随着水底摄影的发展，我们现在知道这个模型的形状其实有些失真——活的蓝鲸更为流线型，像鱼雷。

模型是中空的。原来还有一个暗门可让人进入模型腹部，但后来这个门已被密封住了。据说斯图尔特·斯塔姆维茨在第二次世界大战之前偷藏的违禁物品现在仍在里面。还有传言说，模型里存放着一个时间胶囊。这些传闻从未被证实过。

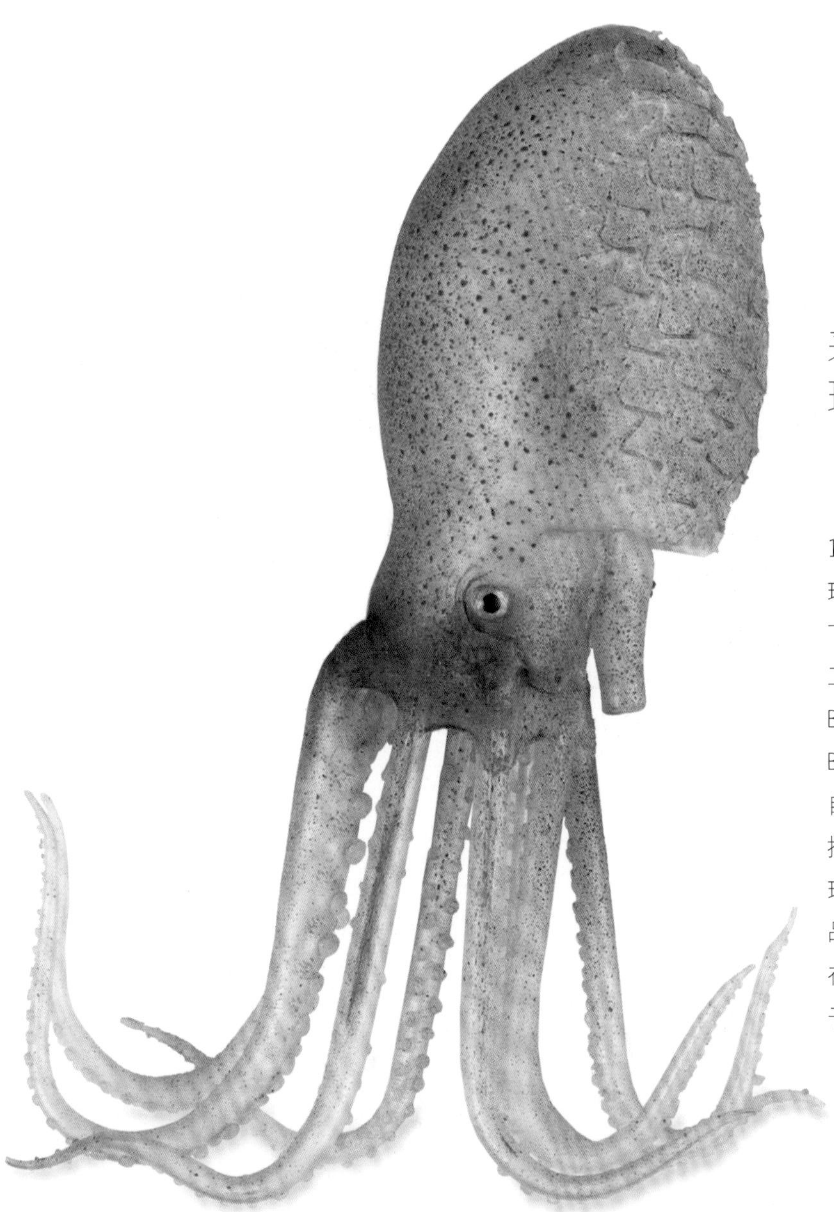

来自布拉斯格的玻璃模型

博物馆展出的数千件艺术品中有182件精美绝伦的海洋无脊椎动物玻璃模型。这些模型大多制作于19世纪下半叶，由博物馆与娴熟的玻璃模型工匠利奥波德·布拉斯格（Leopold Blaschka）和鲁道夫·布拉斯格（Rudolf Blaschka）父子签约制成。这对父子来自波西米亚北部（现捷克共和国）。布拉斯格在1886—1936年间因制成的玻璃花作品闻名于世，博物馆收藏的作品主要包括海葵、水母、章鱼和乌贼在内的海洋无脊椎动物。许多模型基于当时科学书籍中的插图而制作，有

些模型基于海水水族箱中养殖的动物，有些模型则受到了鲁道夫·布拉斯格被困亚速尔群岛时所画素描的启发。每一件作品都是对解剖学的绝妙研习，同时还不失真正艺术作品的风格和魅力，展示了这些纤细易损生物的全貌。这些生物用乙醇保存往往会失真。这些模型的制作方法多种多样、有的是将玻璃熔融在金属线构架上；有的则是先把玻璃粉与油或阿拉伯胶混在一起，再把混合物涂在透明的玻璃基底上。模型的内部结构则用彩纸或贝壳制成。100多年过去了，由于胶和漆的老化、针样纤细玻璃结构的破裂以及表面尘埃污染物等问题，所有玻璃模型展品都要精心照料和修复。

腔棘鱼

腔棘鱼可能是20世纪最有名的鱼类。人们广泛认定腔棘鱼已和恐龙一起灭绝于世，对它的了解也仅限于化石。奇形怪状的尾巴、厚厚的鳞片以及有骨板覆盖的头部无不在显示它是一种非常古老的生物。1938年，一条腔棘鱼游进了南非沿海渔民的渔网。此后，马达加斯加西北部的科麋罗群岛附近深海中有活鱼群落被发现，像这样1米多长的鱼有300多条。之后，印度尼西亚也发现了两尾属于另一物种的腔棘鱼。右图展示的标本于20世纪60年代被捕获，它活着时应该是深蓝色的。肥大的鱼鳍让它赢得了“老四腿”的名字。这名字确实具有科学意义，一些科学家们认为腔棘鱼是四条腿陆生脊椎动物的远亲。虽然将腔棘鱼当作鱼类和陆生动物之间过渡动物有些牵强，但是腔棘鱼和陆生动物很有可能源于同一祖先。现在，已发现的两个腔棘鱼种都属于极危物种。

大猩猩盖伊

大猩猩盖伊是伦敦动物园最受喜爱的动物。1946年，盖伊生于当时的法属殖民地喀麦隆，它是特意为法国巴黎动物园捕获的。盖伊被捕获时只有1岁，同年它手抓着热水袋来到了伦敦动物园。成年盖伊是个大块头，体重高达240千克。尽管盖伊在饲养员间有脾气暴躁的坏名声，但实际上它是很温和的动物。还有段佳话人所共知：盖伊曾小心地捧起飞入围栏的麻雀，好奇地看着它，随后把它放飞了。盖伊是在西部低地栖息的西部大猩猩（*Gorilla gorilla*）。虽然东部大猩猩（*Gorilla beringei*）常被认为体形稍大，其实西部大猩猩才是最大的灵长类。尽管西部大猩猩体型硕大有力，它们却只吃植物，偶尔吃昆虫。1978年，盖伊在牙科手术中死于心脏衰竭。它的嘴里满是脓肿，也许这可以解释它的偶尔坏脾气。博物馆的标本师亚瑟·海沃德（Arthur Hayward）花费了近9个月的时间来剥制盖伊的毛皮。盖伊的标本于1982年展出，后来被移到科学研究的藏品之中。

象牙

这对象牙是有记录的最重象牙，来于一只在坦桑尼亚乞力马扎罗山附近被猎杀的大公象。尽管质量随着时间的推移有所减少，每只象牙的重量仍有100千克（相当于10辆轿车轮胎的重量）左右且长度超过3米。1898年，这对巨大的象牙在非洲东海岸的桑给巴尔被分开售出，从此分离30多年。当时的大英博物馆博物部（也就是现在的自然博物馆）购买了两根象牙中较重的那根。较轻的那根象牙被威廉·B. 哈特菲尔德（William B. Hatfield）买走，他是英国谢菲尔德餐具制造商约罗杰斯父子有限公司的象牙收购人。这根象牙多年来一直在那家公司展厅的入口厅内展示。直到1933年博物馆购买了那根较轻的象牙，这对象牙才得以重新团聚。

科摩多巨蜥

科摩多巨蜥是地球上最大的蜥蜴，直到1912年才被发现。只有在巴厘岛以东岩丛密布、荒无人烟的印尼群岛上才能找到这种蜥蜴。它们极具攻击性，无所畏惧。幼蜥都会为绕开成年蜥蜴而在树上度过生命的最初几年，以躲避在树下徘徊潜行、噬食同类的年长蜥蜴。科摩多巨蜥完全以食肉为生，它们用针尖般锋利带钩的牙齿撕裂猪、鹿和山羊的肉。科摩多巨蜥进食过于猛烈，以至于常咬破自己的牙龈。其嘴中满是血和唾液，使那里成为致命细菌繁殖的温床。科摩多巨蜥猎食像马那类较大动物时，会先咬伤其臀部，让唾液中的细菌侵蚀令其瘫痪，以便吞噬。博物馆至少有4个巨蜥标本，全部都来自伦敦动物园。动物园的饲养员们注意到：尽管没有雄蜥，一些雌蜥还是怀孕了。科摩多巨蜥显然可以进行孤雌生殖，就是没有雄性雌性依然可以产生胚胎。

埃及猫木乃伊

2000年前，一个古埃及人精心制作了这件家猫木乃伊，把它当作献给兽首神明的宗教祭品。数以百万计的动物以这种方式被杀，最常见的动物有狒狒、猫、隼；豺、鼩鼱、鱼、牛也有，甚至还有鳄鱼。宠物常与主人一起下葬。1914年，两姊妹购买了这件标本当纪念品，后将之捐赠给大英博物馆。这件猫木乃伊成为250多件动物木乃伊标本中的一件。1965年，自然博物馆从大英博物馆独立出来时，继承了这些动物木乃伊。制作木乃伊需要娴熟的技巧和时间。首先，要摘除所有内脏，只留下象征灵魂的心脏。腹腔用盐干燥、垫上麻布，然后用海绵轻轻施以乳香和没药。用长麻布包裹躯干，腿、胡须和尾巴则须分别包缠。大多数猫木乃伊发现于布巴斯提斯市的芭丝特女神神殿里，那里是芭丝特女神的人气发源地。猫也会被埋在猫墓地，有时还会被放进特制的猫形棺材。

MUMMIFIED CAT.

Temple of Bubastes, near Zagazig, Egypt.

Presented by the Misses Villeneuve-Smith, 1914.

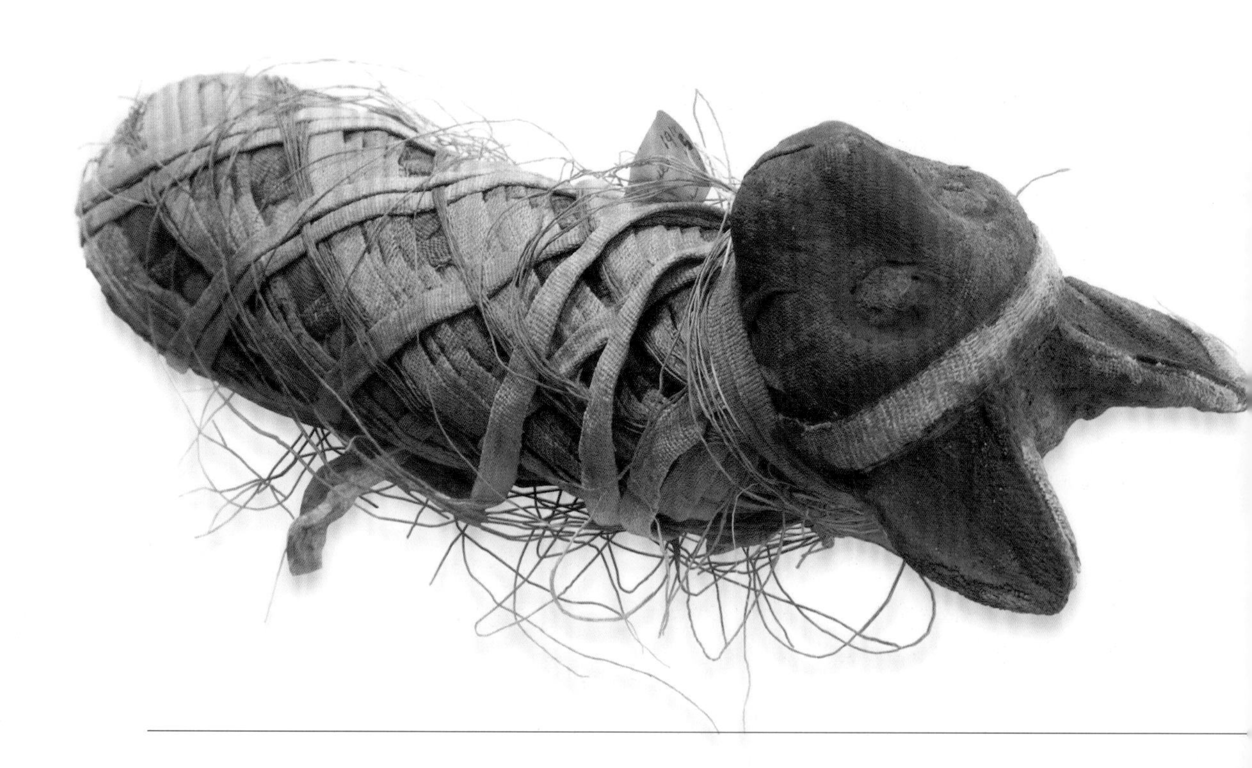

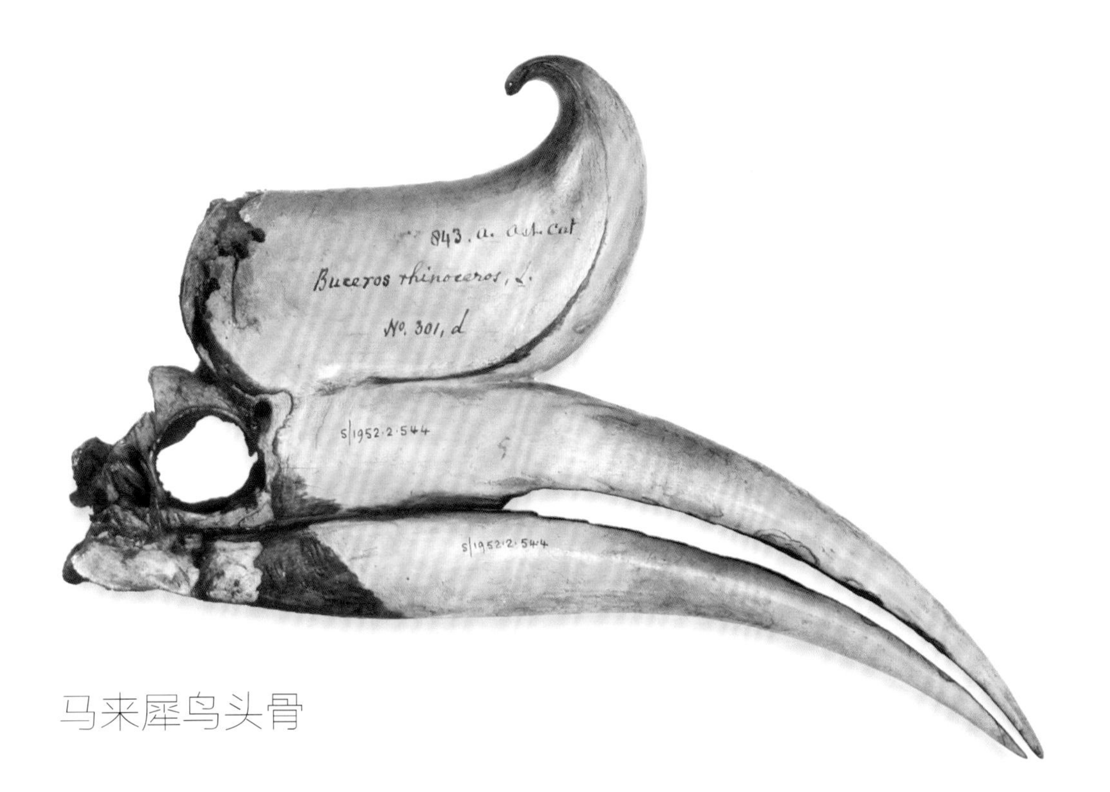

马来犀鸟头骨

这块犀鸟头骨可能没什么科学价值，作为博物馆的历史记录它却极有价值。每件标本喙上的注册号码记录了博物馆250多年历史的不同阶段。有些标本有着无可替代的科学价值，而这件标本则是一节历史课。标本最初为汉斯·斯隆爵士所有，斯隆是一位收集了数以千计的科学珍品和文物珍品的收藏家。1753年斯隆爵士去世时，他的收藏成为博物馆创馆藏品。那些藏品最初被安置在位于伦敦市中心的蒙塔古大厦，并在那里进行注册编录和分类整理。随着岁月的流逝，放置在那里的博物学藏品不断增加，最终使大厦变得非常拥挤。正是要给这些藏品找新家，才启动了在南肯辛顿的自然博物馆的修建。1881年自然博物馆正式开馆。20世纪70年代初，博物馆的鸟类收藏被迁移到专门在特林修建的场馆，继续吸引着来自世界各地的研究人员。这块头骨标本是115万件皮肤、骨骼、鸟巢、鸟卵和乙醇保存标本中的一件。随着新发现的出现和新标本的添加，博物馆的收藏也在不断增加。

关岛的鸟巢和鸟卵

这些收集于1895年的鸟巢和鸟卵来自关岛深红摄蜜鸟、关岛勒绣眼鸟和关岛棕额扇尾鹟。这些鸟当时在西太平洋岛上很常见，不到几十年的时间灾难就来临了。20世纪40年代末或是50年代初，能爬树且极具进攻性的棕树蛇来到了关岛，它们可能是以从所罗门群岛开往南方船上的“偷渡者”的身份来到岛上的。起初并没人注意到它们，很快蛇的种群就迅速繁衍。由于没有天敌加上有充足的蜥蜴供猎食，大量幼蛇茁壮地长成为成年蛇。现在，每平方千米就有几千只蛇，它们已经杀死了11种关岛本地林鸟中的9种，上面提到的3种林鸟就在其列。这么多蛇不可能被根除，警察带着警犬在机场和货运区巡逻，以防这些致命的“偷渡者”扩散到其他地区。这些鸟巢和鸟卵为沃尔特·罗斯柴尔德爵士而收集。他是一位热心的收藏家，还把成千上万件标本捐给了博物馆。财政窘迫曾迫使他把自己大部分鸟类皮肤剥制标本卖给纽约的美国自然博物馆。但是，数以千计的鸟卵和鸟巢在他的要求下保留了下来，此页展示的标本就在其中。

帕帕韦斯特雷岛大海雀

大海雀是人类导致危害的最有震撼力的标志。这个来自奥克尼群岛帕帕韦斯特雷岛的雄鸟于1813年被捕捉，是目前英国仅存的标本。它是在英国试图繁殖的最后一对大海雀之一。这对大海雀中的雌鸟和它产下的蛋之前一年被毁掉了。这个形似企鹅的鸟现在已经灭绝。灭绝并非由于栖息地的丧失，而是由于人类滥捕滥猎。这种不会飞的鸟曾在夏天成群结队地聚集在加拿大东部以及格陵兰、冰岛、苏格兰附近遍布岩石的岛屿上。聚集的群落十分壮观，因而又成为猎人轻而易举的猎杀目标。数百年间，这些鸟被大量屠杀。猎杀不仅是为了食用它们的肉和蛋，它们的羽毛被用于填塞床垫。19世纪时，大海雀已经极为珍稀，收藏家们为获得鸟蛋或皮肤不惜重金。1844年，世界上最后一对繁殖的大海雀在冰岛附近的埃德尔岛被猎人猎死，它们产下的唯一鸟蛋也被打碎了。

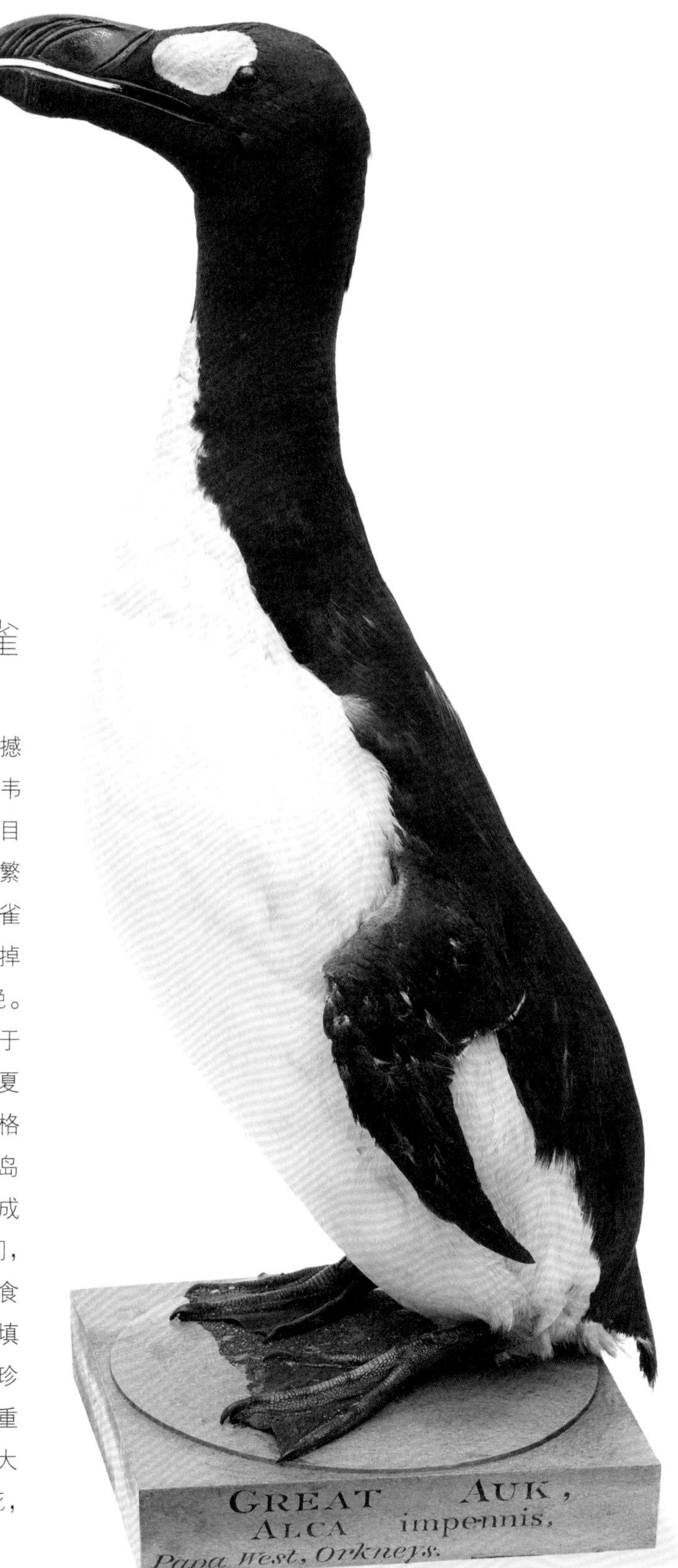

大白鲨的颌骨

这组鲨鱼颌骨来自澳大利亚菲利港，是博物馆数件同类藏品之一。大白鲨颌骨上长满锋牙利齿。高速摄影显示大白鲨进行攻击时咬杀猎物有5个阶段：鲨鱼抬起鼻子；压低下颌；关键性的一步是伸出上颌、露出刀一样锋利的牙齿；下颌向上向外移动，咬紧上下牙，关闭嘴巴；鼻子放低回归原位，这样嘴里就填满了肉。人的咬合力（45~68千克）其实可以超过鲨鱼的咬合力（60千克）。鲨鱼之所以能咬得如此有效，主要是依赖于它的口型更大，加上它有着多而锋利的牙齿以及伸出双颌的能力。

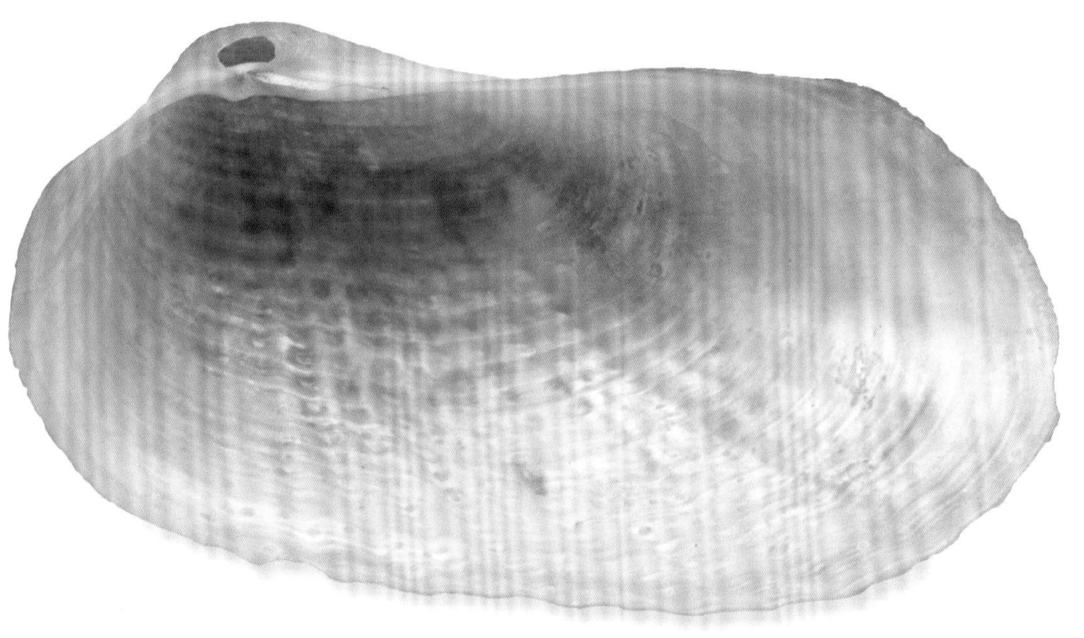

罕见的双壳类贝壳

世界各地的博物馆总共才有12个笋螂（*Pholadomya candida*）贝壳，伦敦自然博物馆就收藏了其中的3个。这种极为罕见的精致双壳贝类是3.5亿年前在海洋里繁荣兴旺软体动物类群中最后存活的物种。那12个贝壳多是19世纪中叶发现于维尔京群岛附近，从那以后，再没有人看到过这样的贝壳，它们可能已经灭绝了。我们所了解到的这一动物内部解剖结构的大多信息都是源于一件1835年收藏的标本。这件标本一直在哥本哈根动物博物馆用乙醇保存着，直到1978年才有人开始仔细研究它。19世纪40年代，解剖学家理查德·欧文研究了另一件保存的标本。他当时任职于皇家外科学院，后来成为自然博物馆馆长。这件标本在随后的第二次世界大战中丢失了。可惜的是欧文对这一物种的研究从未发表过，原因是出版商弄丢了一些极为重要的绘图。

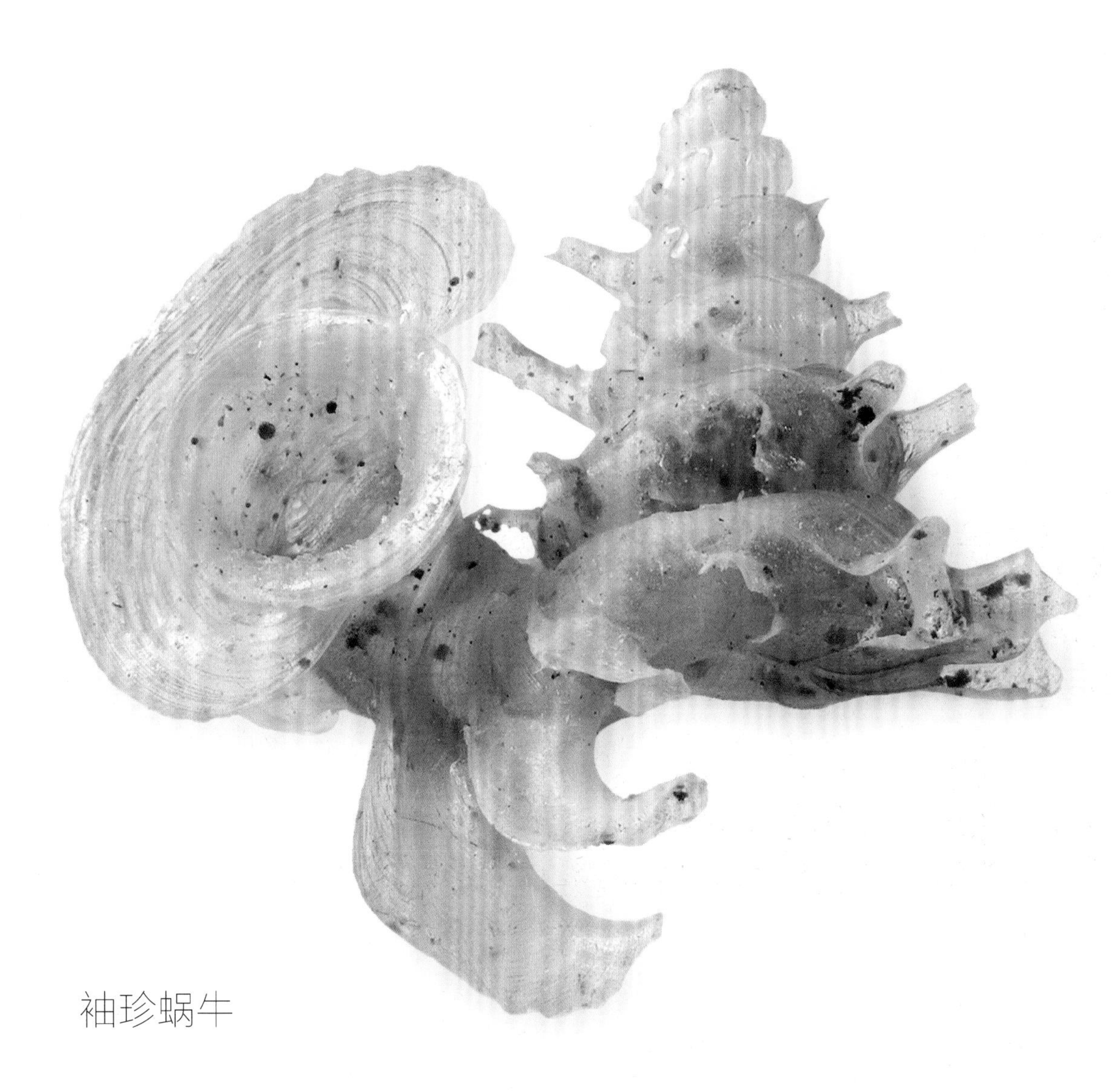

袖珍蜗牛

产于东南亚的曲壳蜗牛（*Opisthostoma*）比常见的印刷文字还要小，可以说是微细结构的奇迹。易碎的白色外壳如此纤小，以至于它们几乎是透明的。每个种在显微镜下，都能看出其独特的形状：布满短棘或扭曲旋转，外壳侧面有一个独特的喇叭状开口，可谓巧琢天工。棘的数量和形状取决于蜗牛的栖息场所，有趣的是还可能取决于天敌捕食攻击它们的角度。食肉性蛞蝓会吃蜗牛，有的在外壳上钻洞从上面攻击，有的则从腹部攻击。有人考察了不同区域的蜗牛，研究其背部多棘还是腹部多棘是否取决于当地蛞蝓的捕食策略。曲壳蜗牛只能生活在露出地面的石灰岩嶙峋地带，以苔藓和藻类为食。如果有非石灰岩地带夹在中间，即便栖息地邻近的物种看起来仍会迥然相异。这是因为蜗牛无法越过这个地带。采集者必须仔细搜寻暴露于地面的石灰岩表面，这样才能得到活标本或者筛滤枯叶得到空壳。

姬姬

姬姬可能是在英国最有名的大熊猫。她还是幼崽时就在中国西部山区被捕获，那里是大熊猫唯一的活动区域。14年来，她一直是伦敦动物园最受欢迎的动物。姬姬1972年去世，她的毛皮被送到博物馆制成了标本，用吃着竹子、如同还活在世上的样子展出着。

大熊猫已在地球上生存了至少800万年，被誉为“活化石”，是世界生物多样性保护的旗舰物种。大熊猫最初是吃肉的，经过进化，99%的食物都是竹子了，但牙齿和消化道还保持原样，所以它仍然被划归为食肉目。野外大熊猫的寿命为18~20岁，圈养状态下可以超过30岁。

矿物

蓝宝石饰品

这件精美饰品专为一位印度贵族而打造。主体宝石是块人眼大小、玫瑰花瓣形切工、引人注目的深蓝色的蓝宝石。这件饰品原属汉斯·斯隆爵士，他曾形容这件珠宝中有着一颗上乘深色蓝宝石，宝石还被嵌在镶金纽扣型石英里。斯隆爵士是一个狂热的收藏家。他1753年去世，给国家留下了数千件藏品。这些藏品组成了大英博物馆的核心馆藏，之后其中一些藏品被转移至自然博物馆。这件饰品至今已被收藏250多年。虽然宝石的颜色看起来为深蓝色，但博物馆近期检查发现宝石仅有顶部呈深蓝色，其余部位几乎是无色透明的。深蓝色产生的原因是宝石原子结构里含有少量的铁和钛杂质。因为宝石无色透明的部分经济价值较低，所以切割者巧妙掩饰无色部位、充分利用深蓝色部位。蓝宝石周边还镶嵌着一些红宝石和祖母绿。

蓝宝石佛像别针

虽然这个小小雕刻佛像还不到2厘米高，但已足够引人注目。它由世上第二硬的宝石——蓝宝石雕刻而成，独一无二。我们对其历史所知甚少。限于材料和切割技能，应该只有皇家贵族才能负担得起它。佛像颜色深邃，像是产自缅甸的蓝宝石。18世纪中后期，它被安装在金质的领带别针上，在博物馆的所有藏品中显得独一无二。蓝宝石非常坚硬，切割它需要与之一样坚硬、甚至更坚硬的工具，也许会用到另一枚蓝宝石。精巧细致的造型显示，这件工艺品可能会被用于装饰便携式神龛或呈放佛教文物的拱顶佛塔。

蓝宝石

众所周知，蓝宝石常被切割成宝石。这些产自斯里兰卡的藏品是未经切割的原石，十分罕见。原生的蓝宝石通常为锥状纺锤形晶体，可见上图这件87克拉重的藏品。随着时间的推移，这些原石经过大自然的加工而变得圆润，诸如河流冲刷翻运。这枚不可思议的233克拉抛光宝石（右图），有成人拇指大小。上述重量和质量的宝石很少能逃脱被切割的命运，尤其它们还色彩均匀、散发着斯里兰卡蓝宝石特有的柔美蓝色。斯里兰卡地质条件复杂，产出了许多精美的宝石。除了蓝宝石，那里还出产黄宝石、紫水晶、石榴子石等。因此，斯里兰卡被称为印度洋上的珠宝盒。16世纪初，葡萄牙水手发现了斯里兰卡岛，将岛上宝石带回了欧洲。这座岛产出了世界上最好的蓝宝石，铁、钛杂质让原本无色的刚玉呈现为蓝色。化学置换作用让斯里兰卡蓝宝石颜色丰富多彩。除了蓝色，还有棕色、黄色、橙色、粉色、紫色、绿色，甚至无色，有时还有黄蓝带状组合。有些宝石在不同的光线下还会呈现出不同的颜色。

巴特帕拉德石

巴特帕拉德石（音译，蓝宝石的一种）是刚玉矿物中颜色最不寻常的品种。其主要产地为斯里兰卡，越南也有产出。它的颜色很难描述，总的说来是微妙地介于粉色和橙色之间或介于莲花色和斯里兰卡落日色之间。这种罕有的颜色使其成为刚玉矿物中最为昂贵的品种。这件藏品是已知最好、最大的巴特帕拉德石，重达57克拉。不寻常的六边形结构为其增色不少。

星光蓝宝石

蓝宝石本身就已足够珍贵，当它被光照耀呈现星射线时，宝石之美还能更上一层楼。在矿物结晶过程中，纤维束会平行排列，这时这种情况就会发生，金红石矿物（二氧化钛）常有这种结构。当宝石按照正确方向被切割时，针状纤维反射光线，形成星星的效果。

星光蓝宝石有很高的收藏价值，尤其那些颜色良好、星星居中且清晰的宝石。如果纤维束恰好在同一方向形成，那么它就成了猫眼宝石。矿物对称性使纤维有可能在三个交叉方向上形成。在这种情况下，宝石便会呈现出六角星射线。虽然四角星和八角星射线是存在的，但极为罕见。

黄蓝宝石

这颗美丽的蓝宝石来自盛产蓝宝石之地——斯里兰卡。它既有黄色，又有淡蓝色，从淡色到深色，应有尽有。这颗重量超过101克拉的宝石，因其丰富的颜色和精美的切工而引人注目。1875年，它被博物馆正式收藏。

大理石里的天然红宝石

镶嵌在原岩中未曾切割的红宝石极为罕见。它们大多被风化掉或者被切割成更有价值的宝石。1973年，博物馆获得了这件藏品，当时核桃大小的红宝石还镶嵌在大理石原岩里。这件藏品的珍贵之处在于它来自世界上最著名的红宝石产地——缅甸抹谷矿区。抹谷矿区盛产名贵宝石，已有1000多年的历史。宝石学家一致认为产自缅甸的红宝石为同类中最佳。抹谷山谷内有农田、丛林和山脉。矿点分布在城镇和周围的小山上，简单露天开采和在大理石山坡上爆破深巷开采都有。人们把含有宝石的岩石从采坑或巷道拉出，之后选取加工其中的红宝石。无论大企业，还是当地个体户，都在抹谷红宝石行业里蓬勃发展。红宝石是一种红色的刚玉矿物，少量铬元素让鲜红色泽成为其核心吸引力。

爱德华红宝石

约翰·拉斯金（John Ruskin）是维多利亚时期的艺术评论家和社会评论家，他曾是这枚高尔夫球大小、167克拉华丽红宝石的主人。拉斯金给将这枚宝石放到博物馆展出提了一个条件。宝石在展出时，要附设一个便签说明："爱德华红宝石，由约翰·拉斯金于1887年展出，以纪念拥有无敌军事手腕并喜好平等的赫伯特·爱德华兹爵士（Sir Herbert Edwardes）在印度西北部的统治。"博物馆的受托人很少会同意捐助者此类要求。也许拉斯金的争辩相当有说服力，使得标签最终被保留下来——拉斯金的直言不讳众所周知。爱德华爵士曾是一名英国士兵，他最为人知的事情就是通过与阿富汗维持良好关系挽救了英国在印度的统治，在独立战争的关键时刻维护了旁遮普省的和平。

天然红宝石晶体

这颗巨大红宝石重达1085克拉，是博物馆大型红宝石藏品之一，产自缅甸抹谷矿区。1924年，博物馆从缅甸红宝石矿山公司购得了它。缅甸抹谷矿区以盛产顶级红宝石闻名，那里出产的红宝石比其他国家出产的红宝石更有光泽。光泽让红宝石的颜色显得更强烈，对藏家有着不可抗拒的诱惑。来自泰国等地的宝石由于铁杂质较多，看起来会有些浑浊。色彩浓烈的红宝石在缅甸早期文化中被人们赋予了神话色彩：如果一颗红宝石嵌入你的皮肤，它就会保护你免受任何伤害。红宝石似乎还能预测不幸，据说亨利八世（Henry Ⅷ）的第一任妻子——阿拉贡的凯瑟琳（Catherine of Aragon）看到一块红宝石暗沉下来而预知自己即将失势。

一些从抹谷矿山挖出的红宝石就在矿山附近的市场上被售卖。商家特意将宝石放在粉色遮阳伞下展示，使宝石看起来更具吸引力。晨光透过粉色帆布照在宝石上，让宝石看起来更加光彩夺目。

伊米拉克陨石

这块美丽的橄榄陨铁陨石被发现于智利的阿塔卡马沙漠伊米拉克附近，是被人们发现的较大陨石之一。橄榄陨铁陨石含有铁、镍和硅酸盐矿物。它形成于小行星内部，因含有橄榄绿色的橄榄石晶体而闻名于世。几十亿年前，放射性元素的衰变让许多小行星升温、甚至熔融。熔融指密度大的金属沉淀到小行星的中心、形成金属核心，密度较小的硅酸盐从地幔上升到地壳。这个过程也被称为分异。科学家们认为，橄榄陨铁陨石代表一种界面物质，它形成于已完成分异（熔融后）的小行星的铁-镍内核和岩石质地幔之间。运气非凡才能找到一颗这样的陨石。首先，小行星要与另一颗小行星碰撞破裂，释放碎片，碎片进入太空。其中一些碎片可能在几百万年后飘进地球轨道，剧烈下降穿过地球大气层并残留下来，最后被眼力敏锐的猎手发现。

纳科拉陨石

这片巨大的火星残片于1911年坠入地球，是已知的来自那个红色星球的不到40颗陨石之一。约1100万年前，一颗小行星或彗星与火星相撞。撞击产生的巨大能量将大量岩石碎片抛入太空，一些碎片随后落到地球。在标本表面可以看到融化过的黑色熔结皮，这是碎片在穿过地球大气层时形成的。比较一下取自纳科拉陨石碎片的数据和火星太空探测器发回的数据，就可以获知这残陨石来自哪以及揭示出更多有关那颗神秘星球的宝贵信息。陨石中的黏土矿物证实了水——这一维持生命所需的重要因素曾经在火星上出现过。

红绿宝石

这件令人震惊的粉色藏品完美无瑕，精细的切割展现了切工和宝石亮度。它重达600克拉，是世界上最大的红绿宝石。它被发现于非洲东海岸的马达加斯加岛，1913年博物馆获得这件藏品。虽然马达加斯加岛出产了一些令人惊叹的优质宝石，但世上大部分红绿宝石都产自美国的加利福尼亚和巴西。

红绿宝石是一种绿柱石矿物，因含有锰元素而呈现粉色。在珠宝贸易中，它也被称为粉祖母绿。1911年，纽约银行家J. P. 摩根（J. P. Morgan）购得了它，将之命名为红绿宝石。摩根是一个狂热的宝石和矿物收藏家，平生收集了美国最重要的珠宝藏品。随后，他将这些藏品捐赠给了位于纽约的美国自然博物馆。

海蓝宝石

虽然海蓝宝石不是稀有矿物，但如此大的标本并不常见。这颗产自俄罗斯的华丽宝石有桃子那么大，重898克拉。它不仅大，其内部还有许多平行细线。那些是中空或充满液体的细长管状包体，通常被称为雨状包体。海蓝宝石得名于希腊语海水。它是一种绿柱石矿物，有着丰富多彩的颜色，受少量铁杂质的影响其色谱可从浅蓝跨至深蓝。

祖母绿

19世纪早期，当著名矿物学家和收藏家詹姆斯·索尔比（James Sowerby）第一次看到祖母绿时，就称它们为“藏品中的骄傲”。我们可以根据浓郁的深绿色，看出它是典型哥伦比亚产出的祖母绿。哥伦比亚一直被认为是世界上最好的珠宝级祖母绿产地之一。因为出产宝石的品质上乘，所以那里16世纪成为西班牙人的目标。当地的穆索印第安人为保护宝石来源的秘密，顽强地抵抗着入侵者，但最终西班牙人获得了胜利。这些宝石被送回欧洲后就大受追捧。即使在今天，一颗优质的祖母绿依然可能比一颗上乘钻石更值钱。1810年，这些藏品从一位私人收藏家手中购得。那位收藏家很可能是查尔斯·格雷维尔阁下（Rt Hon Charles Greville），其矿物藏品意义重大。尽管博物馆很大部分藏品来源于汉斯·斯隆爵士的丰富私人收藏，但斯隆爵士矿物藏品的数量有限且大多都经过雕琢。格雷维尔阁下的收藏构成了博物馆矿物馆藏的基础，共有约1.48万件展品。英国议会还为收购这些藏品设立了特别款项。

太阳的礼物——金绿柱石

这颗华丽宝石因颜色尤显珍贵。它有着温暖黄色，因此得名金绿柱石。其名取自希腊语，意为太阳的礼物。宝石呈长方形，长边约4厘米，重133克拉，1960年成为博物馆藏品。金绿柱石同祖母绿、海蓝宝石一样，也是一种绿柱石矿物。绿柱石矿物中含有的微量元素不同，其颜色就不同，例如有玫瑰粉的红绿宝石和蓝色的海蓝宝石。铁元素的置换使金绿柱石呈黄色。尽管金绿柱石颜色温暖独特，但用之制作的珠宝很少见。这是因为其他强度更高的黄绿色宝石更受欢迎。

碧玺

这颗华丽宝石也被称为西瓜碧玺。如果沿着宝石竖切一刀，切下的宝石看起来就像是一片西瓜。这颗宝石的原石发现于巴西东南部米纳斯-吉拉斯地区。它经过了技艺高超的宝石工匠雕刻，完美展现出两种颜色在原始晶体上的戏剧性融合。碧玺约有10种不同的颜色，在地下深处的结晶囊中生成。有时采矿活动或地壳运动对结晶囊会有影响，导致晶体破裂，所以完整保存下来的晶体并不常见。

橄榄石

这些标本是橄榄石矿物原料和切割宝石的杰出代表。它们来自红海上的袖珍小岛——宰拜尔杰德岛，该岛得名于阿拉伯语橄榄石。这颗美丽宝石（下图）约有橄榄大小，内部完美无瑕，1932年被博物馆购得；另一颗深绿色橄榄石原石（上图）重达686克拉，是迄今为止已发现的最大橄榄石。宰拜尔杰德岛看起来不像是能出产宝藏之地。岛上满是荒芜的沙漠，没有淡水，只有一些稀疏的灌木。但它确实产出了世界上最好的橄榄石晶体。这些深绿色的石头魅力非凡，早在数千年前就深受人们喜爱。埃及法老曾派遣宝石工匠去收集橄榄石，有关橄榄石被雕刻成藏品的最早记载可以追溯到古希腊时期。

众多的微小橄榄石碎片散落在小岛的海滩上，使海滩呈现为绿色。宰拜尔杰德岛被遗忘之后又被不同的文明重新发现，千百年来如此反复多次。它曾被古埃及人顽强守护，也曾被海盗占据。

废墟大理岩

废墟大理岩的神秘之处在于，其表面经过切割打磨会呈现出一幅破败的城市景观。这块砖头大小的厚板来自托斯卡纳地区最早的矿山。岩石表面图案看起来像是阴沉天空下摇摇欲坠的塔、房屋和尖顶。但这些不是出自艺术家之手，而是形成于地下，由自然的明暗元素在石头上刻画出随机的影像。尽管展品的名字叫大理岩，但其实它不是大理岩而是细粒石灰岩。后来，某个斯洛伐克矿区的研究发现了这种图案的形成机理：水在岩石中渗透导致铁化合物沉淀，形成有韵律的条带。这样可以给整块岩石进行简单带状着色，但无法给很多细小的接缝着色。这些接缝没有孔隙导致水不能通过，所以每个接缝之间的区域都被独立着色。岩石被抛光后，这些图案就脱颖而出了。

萤石花瓶

这个花瓶高1米左右，是目前世界上最大的萤石花瓶之一，由多种蓝萤石矿物组成。这种蓝萤石又称“蓝约翰”。花瓶至少由7部分组成，约1860年专为德文郡公爵（Duke of Devonshire）而制。将萤石雕刻得如此光滑、圆润需要高超的技巧且造价不菲。德文郡公爵并没有买下它，S. 阿丁顿（S. Addington）先生买了下它。1868年1月，阿丁顿将它赠予应用地质博物馆。随后，应用地质博物馆成为地质博物馆，1985年与大英博物馆博物部合并。萤石矿物的产地不同，其典型颜色就不同。阿尔卑斯山萤石为粉色，伊利诺斯的萤石呈蓝色，有着蓝色、紫色或黄色、白色波纹带状的萤石则是英国德比郡北部的特产。“蓝约翰”这一昵称可能源于法语蓝黄的变体，原因是它有着带状色彩。另一种说法是矿工受闪锌矿昵称“黑杰克”的启发，而给它起了这个昵称。

钻石花形胸针

一组漂亮钻石总是让人难以抗拒。这件美妙藏品展示了维多利亚时期人们如何让宝石绽放出耀眼的光芒。钻石镶嵌的花朵中心是一颗蓝宝石。钻石花朵被放置在一个小弹簧上。当佩戴者移动时，一簇钻石就随之抖动，反射出彩色光芒或称“火彩”。光线能进入底部吊坠的宝冠并被钻石反射。吊坠移动创造出辉煌光芒。这种风格的珠宝，特别是昆虫或花卉的设计，流行于19世纪末和20世纪初。

钻石穗

镶嵌在金银底托上的钻石和蓝宝石成就了这件杰出的装饰品。不同年代的宝石在这件饰品上完美结合，其中一些宝石的历史可以追溯到19世纪末期。这件饰品经过精心设计，可赋予佩戴者多种展示方法，如作发夹、胸针或吊坠。

钻石蝴蝶发夹

博物馆只对少量珠宝进行特殊照看，这只可爱的小蝴蝶就在其列。镶嵌在银质材料中的几十颗碎钻覆在蝴蝶发卡之上，让整件珠宝显得更大、更耀眼、更具诱惑力。人们对这件藏品的历史所知甚少，只知道它约1830年制造于西欧。有关记录显示，1912年一位名叫E. 沃恩（E. Warne）的女士将它移交博物馆收藏。

切割光之山

这些石膏模具和铸件记录着Koh-i-Noor（波斯语光之山的意思）钻石最初的形状。这颗钻石可以说是世界上最著名的宝石。1846年第一次锡克战争结束，宝石来到了英格兰。在西方人眼里，莫卧儿风格的切割并不够精彩。在维多利亚女王的丈夫阿尔伯特亲王的要求下，钻石被重新切割。1851年，铸件和模具在钻石重新切割前制成。重新切割让钻石大大变小，据说其品质得到了提升。这些复制品（左图）让我们能看到钻石在切割前以及现在被安置在王室皇冠上的样子。

钻石的历史可以向前追溯几百年，它在印度、伊拉克、阿富汗和巴基斯坦统治者之间流转，历经了背叛、杀戮和政治协议，但从来没有被买卖过。相传男人拥有它会交厄运，只有女人才能安全佩戴它。

卵石中的钻石

这块镶嵌着豌豆大小钻石的岩石（下图）曾由社会评论家、作家约翰·拉斯金拥有。1851年，这件藏品在伦敦世界博览会上展出，其价值在那时开始被真正认可。这届博览会由阿尔伯特亲王在海德公园组办，是第一届庆祝国际工业技术和设计成就的展览会。维多利亚女王的御用矿物学家詹姆斯·坦纳特（James Tennant）展出了这件来自印度的展品。含沙河水冲刷鹅卵石会使鹅卵石变得光滑圆润，一颗钻石与一圈褐色铁矿石附着在卵石上。钻石足够坚硬令其形状得以保留下来。1923年，这件展品来到了博物馆，其表面还有着黄金点缀。

钻石晶体

这些晶体能在南非19世纪末的淘钻石潮之中幸存下来，实属罕见。此前，人们在河流中寻找钻石。岩石中发现了钻石矿床之后，世界各地的探矿者都慕名而来寻找财富。当时，至少有数千万人涌入南非。这些晶体没有被切断制成宝石出售，实属意外。一颗钻石（上图左侧）还嵌在原生的“黄色地层”——金伯利岩顶部的风化层中。这颗钻石约为食指指甲大小，产自科尔斯堡山丘矿（即后来著名的金伯利矿）。1872年，它来到了博物馆，那时距科尔斯堡山丘矿被发现还没多久。较小晶体（上图右侧）的发现时间要晚2年，它产于矿床深部未风化的“蓝色地层”。金伯利矿于1914年关闭，当时开采深度已经超过1千米。

蛋白石项链

这串项链色彩绚丽，造型夸张。一吨矿石中只能找到一颗蛋白石，而且很难找到两颗切割后彼此相似的蛋白石。你了解了这个现实后，这条项链就显得更加迷人了。将这么多如此相像的蛋白石装在一条项链上，真可谓壮举。1907—1942年在博物馆生态系工作的盖伊·多尔曼（Guy Dollman）精挑细选了这些宝石，通过充满爱的劳作将它们制成项链，并把项链当作礼物送给妻子。1958年，项链被赠予博物馆收藏。

最右侧的巨砾是原石在自然状态下的样子。它已经裂开，露出了里面闪闪发光的蛋白石。

黑蛋白石

自从珍贵的蛋白石被发现以来，它就凭着自身千变万化的色彩吸引着藏家。黑色蛋白石有着巨大吸引力。这枚131克拉重的黑色蛋白石被发现于澳大利亚新南威尔士州莱特宁岭区，那里被认为是黑色蛋白石的中心产地。蛋白石由数百万个细小非晶硅球体组成。当球体有序排列时，它们就像一个三维衍射光栅，发射出彩虹色的光线。当球体随机排列时，蛋白石就呈现暗色。

被诅咒的紫水晶

博物馆矿物部1943年收到这件紫水晶饰品时，工作人员在盒子里发现一个留言："这件宝石已被大声诅咒，它沾染了鲜血和每任拥有者的不幸。"如同其化学组成一样，所谓的诅咒也成为这颗宝石历史的一部分。据说这件紫水晶饰品在1857年印度兵变期间被掠走，后被一名骑兵带到英国。根据爱德华·赫伦-艾伦的故事，诅咒就由此开始了：那个骑兵本人和儿子均饱受健康问题和厄运的困扰，曾经替他短暂看护宝石的朋友还自杀身亡。1890年，宝石到了爱德华·赫伦-艾伦手上。虽然赫伦-艾伦是一位有名望的科学家，但他也宣称得到宝石后不断遭遇不幸。赫伦-艾伦把宝石借给了一个朋友，那位朋友似乎"交上了所有可能的厄运，再也无法承受"。赫伦-艾伦另一转借此紫水晶的朋友是一名歌手，他随后"丧失了美妙的歌喉"。赫伦-艾伦笃信石头的诅咒，他将宝石用银制保护咒束住，甚至还把宝石扔入伦敦的摄政运河。但有人发现了宝石，并把它还给了赫伦-艾伦。由于担心宝石会伤害他的宝贝女儿，赫伦-艾伦绝望地将其封印在七层箱子内，再把箱子寄给了他的银行经理。宝石此后一直保存在银行，直到1943年赫伦-艾伦去世。赫伦-艾伦在遗嘱中将宝石赠予博物馆。

像奶油糖的钼铅矿

这件标本为美丽钼铅矿矿物，如此大小的晶体很少能被发现。1958年，它被发现于美国亚利桑那州格拉夫矿。奶油色的晶体在无损且壮观的平板上清晰可见。钼铅矿在全世界范围以铅矿物的形态被发现，通常呈现为细小晶状。格拉夫矿是为数不多的大颗粒钼铅矿晶体产地之一。那里钼铅矿十分丰富。那里的矿石既含铅，又含价值更高的钼（用于特殊钢）。20世纪50年代，首位格拉夫矿勘探者——哈利·J. 奥尔森（Harry J. Olson）为眼前的景象深深震撼："穹窿内部满是金色水晶，我看到后不禁喜极而泣……矿长还以为我出什么事故了，从路上向我猛冲过来。"

钼铅矿极易破碎，因此采集到上图大小的标本非常不易。2005年，这件展品被博物馆在亚利桑那州图森矿物展上购得。如今格拉夫矿已经关闭，这件展品就显得更为珍贵了。

黄玉

若以尺寸论英雄，那么这颗黄玉必是所有藏品中的最佳宝石。这颗黄玉是博物馆内最大的切割宝石，重2982克拉，足有人的拳头大小。黄玉常由大而无瑕的宝石切割成大的晶体。这颗宝石来自巴西的米纳斯-吉拉斯，那里是世界上最大的黄玉出产地。人们花了数月时间制订计划以及使用了特殊设备才得到了这颗超大型宝石。纯的黄玉是无色的，小的杂质和瑕疵会使其呈现蓝色、绿色以及深浅不一的黄色和橙色。

皇家黄玉

皇家黄玉因其颜色而备受追捧。1852年，这件标本（下图）被发现于巴西欧鲁-普雷图地区东南部最古老的矿中。如此大小的标本（超过10厘米长）实属罕见。96克拉重、完美无瑕的美丽宝石（上图）完美展示了原料如何被切割成华丽宝石。黄玉温暖、雪莉色的光辉经切割被突显出来。

帝王尖晶石

这件华美的尖晶石标本重达519克拉，原产于缅甸阿瓦。18世纪末期之前，东方珠宝商很少会切割石头，他们更倾向于抛光宝石以展现其颜色和清晰度。这件标本的颜色和透明度都非常引人注目。它曾归中国皇帝所有，其宝石截面巨大而被认定曾为皇家所有。1860年，英国军队从中国掠走了这块宝石。人们常常将尖晶石与红宝石混淆。尽管两者成分相似且常常共生，但它们是属性不同的矿物。

近代的尖晶石标本

尖晶石晶体常赋存于大理石之中。这件经过削刻的精美标本充分展示了内部轮廓分明的晶体。这件标本于2006年购得，品质上佳。产地为越南——目前最新的尖晶石产地，出产矿区1980年才被发现。这是博物馆购买的首块越南尖晶石，与之前来自泰国、阿富汗和苏联的尖晶石组合展出。博物馆收集的展品仍在不断增加中，并尽可能全面。

拉特罗布块金

论个头这件标本算不上是最大的，但很少有块金能拥有如此轮廓分明的晶体。作为一种质地较软的金属，黄金从母岩中风化后往往会被快速流动的河流或山洪带走，常会被流水打磨得光滑圆润，并随着时间流逝沉积下来。1853年，这件标本被发现于澳大利亚麦基弗矿。当时，它还没有被塑造成现在的形状。块金为立方体，有些对径超过1厘米。微量铜杂质赋予了它丰富的颜色。块金重717克，以维多利亚州州长查尔斯·约瑟夫·拉特罗布（Charles Joseph Latrobe）的名字命名。这件标本被发现时，拉特罗布恰好在探访矿区。黄金常以小颗粒或金粉的状态存在，如此大小的块金实属稀少。河流中的黄金被称为砂金，传统淘金方法是用平底盘淘洗。虽然这是一个艰苦的过程，但人们对黄金的需求是永恒的，需求并不仅限于做首饰。黄金还是一种良好的电导体，每年都有数吨黄金被用于制作各种电极，从洗衣机到航天器。

铂金矿块

这块10厘米长的铂金矿块产自俄罗斯乌拉尔山脉塔吉尔铂金矿，重量超过1千克。博物馆于1875年购得此矿块，再看到相似的矿块实属困难至极。铂金本身就很罕见，如此大小的矿块更是惊人。铂金的价值远高于黄金。铂金常稀疏赋存在矿床之中，而非形成较大的集合体。

翡翠

这块翡翠体型巨大，其横断面超过1米。虽然还有是它50倍大小的标本存在，但这块翡翠的大小仍然惊人。它产于西伯利亚南部的伊尔库茨克，其重量已超过半吨。翡翠的名字来自西班牙语piedra de ijada，意为腰石，它曾被认为可以治疗腰部和肾脏的疾病。翡翠通常被认为是宝石，切割和抛光会让它显得更美丽稀有。大多数翡翠为深绿色，也可能为白色和浅紫色。翡翠耐久性强，是许多远东地区雕刻师的偏好选择。特别在中国，几千年来人们用翡翠制造武器、工具，充当货币、珠宝和雕刻饰品。人们甚至因其块状结构而将之制成乐器，击打产生回响，奏出音乐。

默奇森的鼻烟盒

这个精美的鼻烟盒由黄金制成（标注于上图盒的背面）并镶满钻石，是矿物藏品中为数不多的工艺展品之一。1867年，俄国沙皇亚历山大二世（Tsar Alexander Ⅱ）将它赠予英国地质调查局局长罗德里克·英庇·默奇森爵士（Sir Roderick Impey Murchison）。沙皇赠送这件慷慨的礼物是为了感谢默奇森爵士1841年绘制了俄罗斯乌拉尔山区的首张地质图。他确定，俄罗斯含有丰富的矿藏，是一个拥有巨大潜在财富的国家。鼻烟盒依照默奇森爵士的愿望，被赠予应用地质博物馆（后来的地质博物馆）。1985年，鼻烟盒和部分展品被迁到自然博物馆。鼻烟盒有银质镂空玫瑰花枝叶做装饰，还有几十颗小钻石做点缀。16颗硕大、古老、切割完美的钻石镶嵌在鼻烟盒的四周，有些钻石对径近1厘米、重2.5克拉。在鼻烟盒的正中部，有一个更多钻石包裹的微型铜涂瓷釉肖像。那正是亚历山大二世本人，他时刻提醒着人们盒子来自何方。

霍普金绿宝石

这颗亮晶晶的金绿宝石重达45克拉，产自巴西，颇负盛名。早在170年前，宝石学家们就对其有所耳闻，并评价它“绝对的完美无瑕……可能是至今已知的金绿宝石里切割得最完美的”。宝石约有桃子大小，曾经为亨利·菲利普·霍普（Henry Philip Hope）所有。霍普还曾拥有被诅咒的深蓝霍普钻石，那颗钻石如今存放在美国史密森学会。霍普先生花了250英镑购得了金绿宝石的原石，原石经切割成为现样。金绿宝石是一种稀有的矿物，其硬度较高，非常适合作宝石。金绿宝石的化学成分有氧、铍和铝，其名来自希腊语chrysos，意为黄金，其颜色囊括从黄绿色到淡褐色的多种颜色。宝石颜色取决于其形成时铝被铁置换的数量，铁的含量越多，颜色就越深。紫翠玉和金绿猫眼石也是引人注目的金绿宝石。金绿猫眼石被光直接照射时反射光呈条带状，因像猫的眼睛而得名。条带状常见于金红石类矿物，由平行针状杂质引起。

紫翠玉

1834年，这种不寻常的宝石石料首次被发现于俄罗斯中部的托科瓦亚矿。紫翠玉的颜色在不同的光线下会有变化。白天，它看起来是深绿色的；在夜晚烛光下，它又变成深紫色。变色原因和许多宝石一样，宝石自身的颜色通过吸收和反射不同部位的色谱而获得。宝石呈现的颜色能从紫色、蓝色跨至绿色、黄色和红色。白天，宝石吸收黄色域的大部分，反射绿色，宝石就呈绿色。在烛光下，蓝色缺失，宝石就呈红色。

这颗宝石引起了轰动，红色和绿色是俄国的皇家颜色。因此，为纪念沙皇亚历山大二世，这颗新宝石以之命名。

这件展品（上图）是托科瓦亚矿床产出的最精美标本之一。其他地区也产出紫翠玉，右图的展品就来自斯里兰卡，重达27克拉。鉴于宝石标本超过2、3克拉已是罕见，这件展品可谓大得令人难以置信。

惠灵顿木质橱柜

这件展品看上去只是一个普通橱柜，被填满矿物标本、摆放在矿物保管者的办公室里。事实上，其来历可不一般。柜子由一棵榆树制成，这棵榆树在滑铁卢战役中还曾庇护惠灵顿公爵（Duke of Wellington）。1815年6月18日，这位英军领袖打败了拿破仑，同时这棵榆树也被赋予了历史意义。战斗刚结束那几年，太多人前来向榆树致敬，以至于树皮和枝干被完全剥离或砍伐下来充当纪念品，附近农民的庄稼也被践踏了一遍又一遍。1818年9月，昆虫学家J. G. 丘纯（J. G. Children）先生偶然参观时，恰好这棵树刚被砍倒。他考虑到榆树的历史，决定买下这棵榆树的木材并请人将之雕刻成3把椅子。3把椅子分别被赠予国王乔治四世、拉特兰公爵以及惠灵顿公爵本人。剩余的一块木料还被做成橱柜并赠予大英博物馆，随后被其分支自然博物馆继承。木材里还埋有一条铁链。那条铁链大概最初是被用于加固捆绑树苗，后来榆树长大覆盖了铁链。

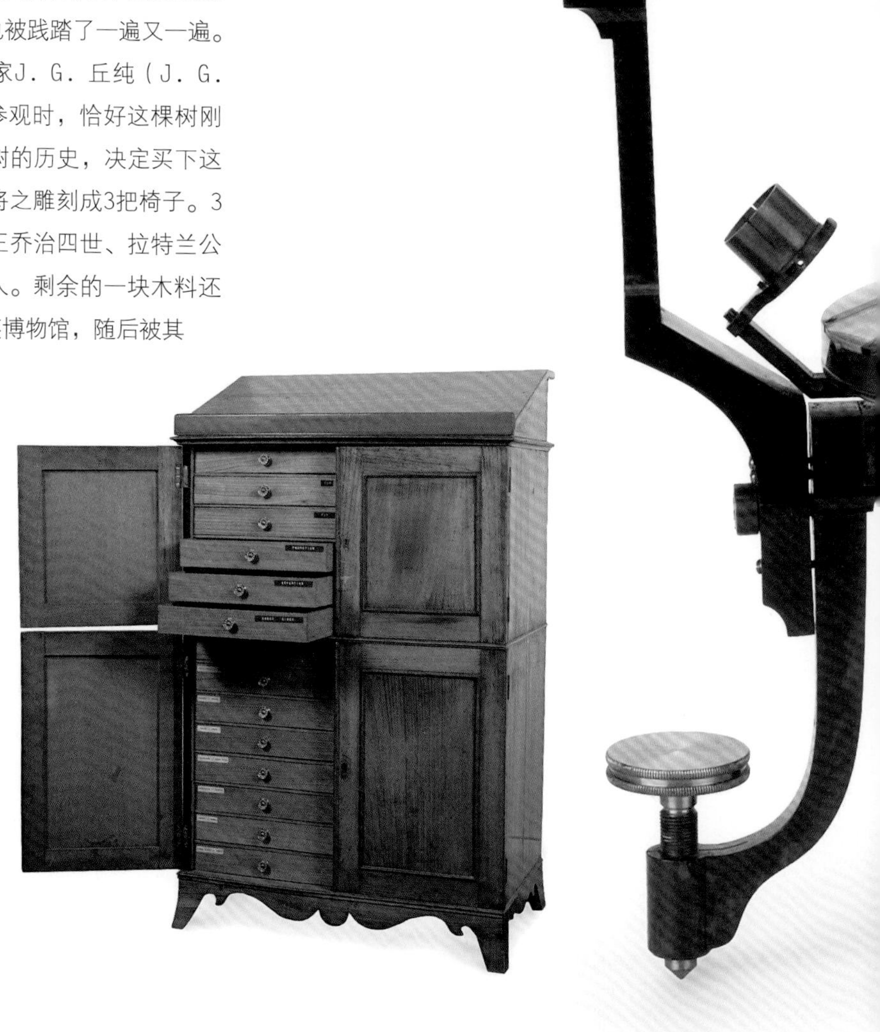

测角仪

这是首批可以让矿物学家测量出沙粒般微小晶体形状的仪器之一。这件精密工具制于1892年，可测量晶体不同面之间的角度。有了角度，就可以计算出晶体的形状和对称度，进而判断矿物类别。首台测角仪并没有这件仪器这样精美复杂，只能进行基本测量，被测量晶体还得大到可以让人拿在手里。1809年，技术取得了突破。博物学家威廉·海德·沃拉斯顿（William Hyde Wollaston）设计了一种方法：将晶体放在纤维板上，用分度盘缓慢旋转通过聚焦光束，通过光线来测量微小的晶体。光线从右侧的小管里射出，反射到左侧的放大镜上。测量时，慢慢转动分度盘。一面的反射光线与另一面的反射光线在相同的点时，即可读出两个面之间的角度。1912年，人们有了新发现：如果使用X射线，只要按一下按钮就可以揭示晶体的内部结构。此后，这种测量方式逐渐被淘汰。

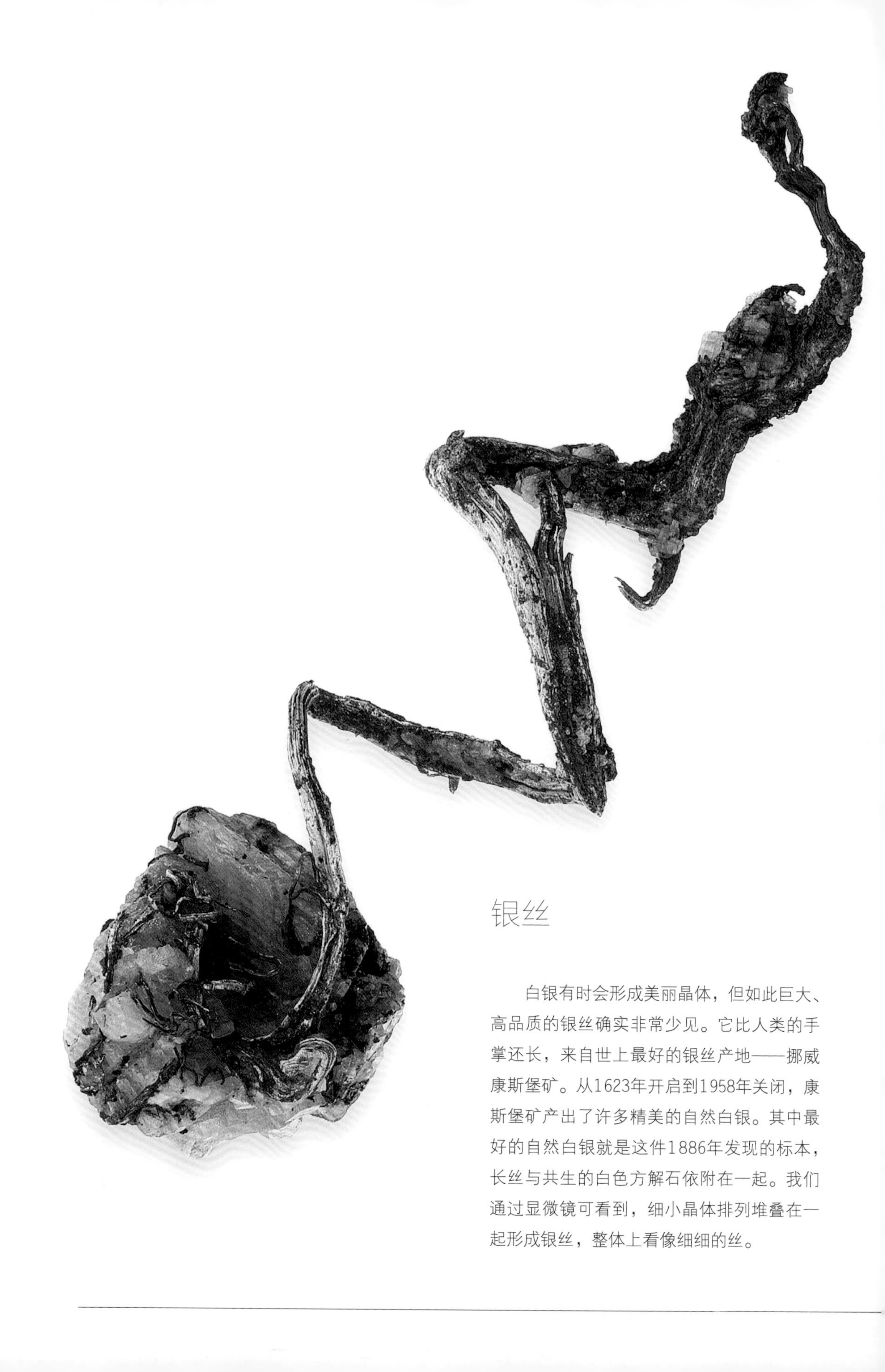

银丝

白银有时会形成美丽晶体，但如此巨大、高品质的银丝确实非常少见。它比人类的手掌还长，来自世上最好的银丝产地——挪威康斯堡矿。从1623年开启到1958年关闭，康斯堡矿产出了许多精美的自然白银。其中最好的自然白银就是这件1886年发现的标本，长丝与共生的白色方解石依附在一起。我们通过显微镜可看到，细小晶体排列堆叠在一起形成银丝，整体上看像细细的丝。

铜块

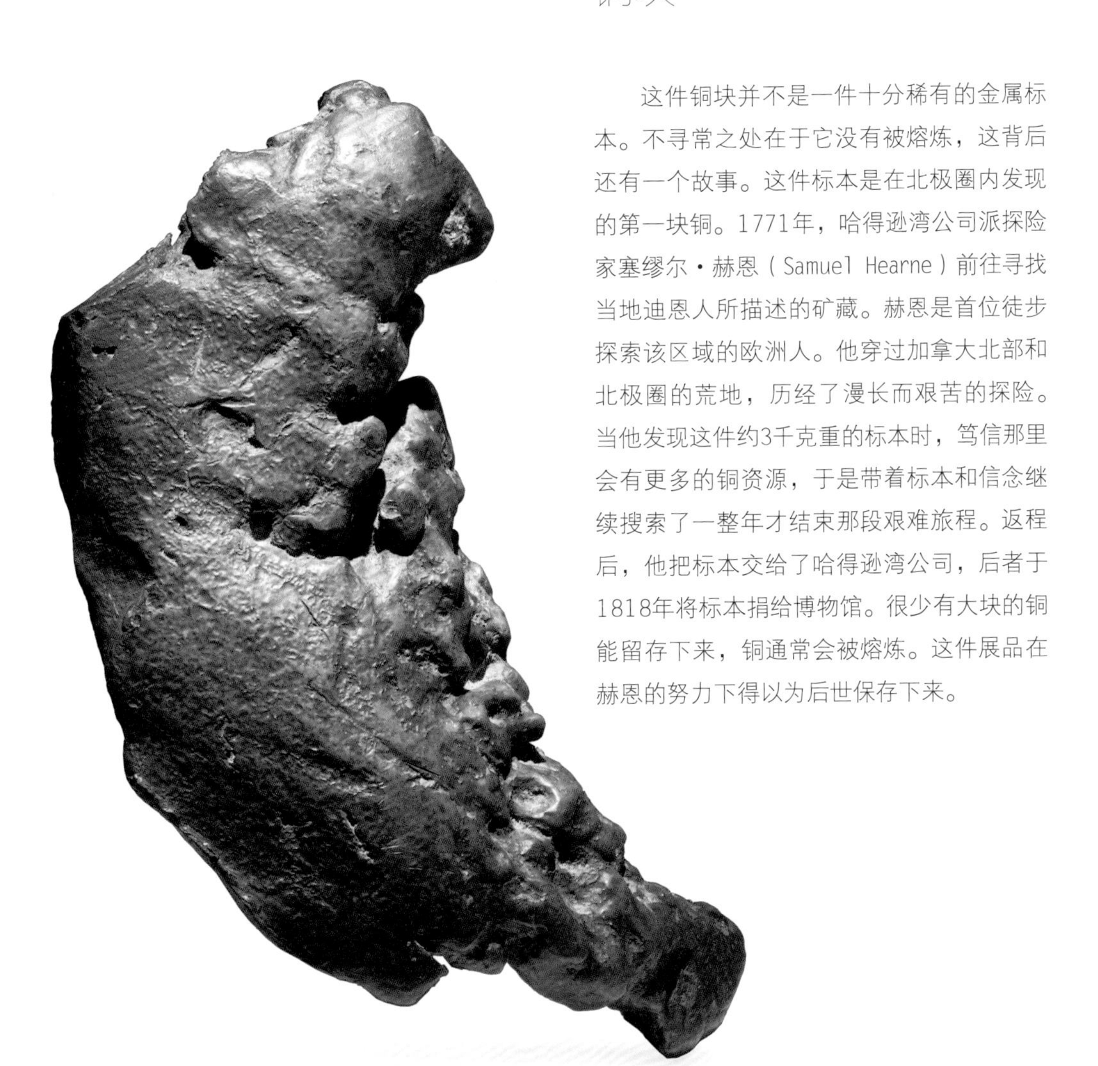

这件铜块并不是一件十分稀有的金属标本。不寻常之处在于它没有被熔炼，这背后还有一个故事。这件标本是在北极圈内发现的第一块铜。1771年，哈得逊湾公司派探险家塞缪尔·赫恩（Samuel Hearne）前往寻找当地迪恩人所描述的矿藏。赫恩是首位徒步探索该区域的欧洲人。他穿过加拿大北部和北极圈的荒地，历经了漫长而艰苦的探险。当他发现这件约3千克重的标本时，笃信那里会有更多的铜资源，于是带着标本和信念继续搜索了一整年才结束那段艰难旅程。返程后，他把标本交给了哈得逊湾公司，后者于1818年将标本捐给博物馆。很少有大块的铜能留存下来，铜通常会被熔炼。这件展品在赫恩的努力下得以为后世保存下来。

详 情

《博物志》

老普林尼

355页，1469年版　P12

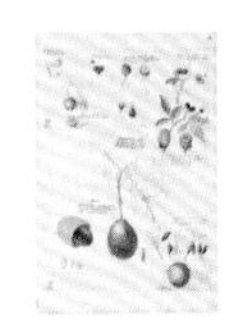

格奥尔・埃雷特作品

格奥尔・埃雷特

稀有水果和种子，铅笔素描与水彩，425mm×275mm，1748年　P17

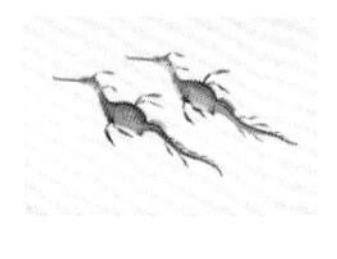

海龙

费迪南德・鲍尔草海龙（*Phyllopteryx taeniolatus*），水彩，502mm×355mm，1801年　P22

普拉肯内特藏品

莱纳德・普拉肯内特

1700只昆虫压在一本书中，1690年　P13

Balloderree肖像

杰克逊港画家

水彩，287mm×215mm，1788—1797年　P18

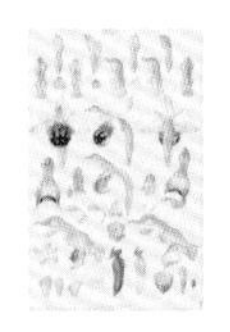

蜂兰花

弗兰兹・鲍尔

蜂兰花（*Ophrys apifera*），水彩，380mm×265mm，1800年　P23

《苏里南昆虫变态图谱》

玛丽亚・西比拉・梅里安

眼镜凯门鳄（*Caiman crocodilus*）和筒蛇（*Anilius scytale*），手绘画，1719年　P14

帝企鹅

乔治・福斯特

帝企鹅（*Aptenodytes patagonicus*），水彩，530mm×369mm，1775年　P19

邀请函和菜单

本杰明・沃特豪斯・霍金斯

邀请函，黑色墨水画于纸上，178mm×127mm，1853年菜单，蓝色墨水印于纸上，143cm×225mm，1853年　P24

《苏里南昆虫变态图谱》

玛丽亚・西比拉・梅里安

猫头鹰蝴蝶（*Caligo Idomeneus*）、家蚕蛾幼虫、黄蜂和红珊瑚花（*Pachystachys coccinea*），手绘画，1719年　P15

美洲黄莲和捕蝇草

威廉・巴特拉姆

美洲黄莲（*Nelumbo lutea*）和捕蝇草（*Dionaea muscipula*），黑色墨水画，398mm×300mm，1767年　P20

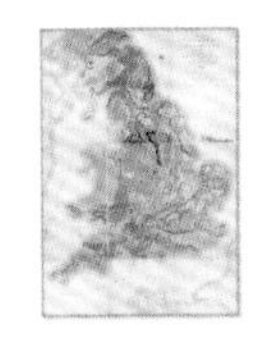

第一幅地图

威廉・史密斯

手工上色印制地图，2645mm×1890mm，1815年　P24

鹦喙花

悉尼・帕金森

鹦喙花（*Clianthus puniceus*），水彩，525mm×350mm，1775年　P16

佛罗里达的沙丘鹤

威廉・巴特拉姆

沙丘鹤（*Grus canadensis*），黑色墨水和水彩，270mm×220mm，1774年　P20

黑镰嘴风鸟

约翰・古尔德

黑镰嘴风鸟（*Epimachus fastosus*），手工上色石版画，550mm×370mm，1875—1888年　P26

古尔德作品

约翰·古尔德

出自3本古尔德出版作品的手工上色石版画，550mm×370mm，19世界中期 P27

《物种起源》

查尔斯·达尔文

日文首版，东京，1914年为图书而作的手写注释，330mm×210mm，1859年 P34-35

锯叶筒花和锯叶筒花艺术品

锯叶筒花（*Banksia serrata*），纸张规格440mm×280mm，以悉尼·帕金森所绘制图画为基础的艺术品，澳大利亚 P42-43

《美洲鸟类》中的三色鹭

约翰·詹姆斯·奥杜邦

三色鹭（*Egretta tricolor*），手工上色雕版画，1834年 P28-29

内格罗河的鱼

阿尔弗雷德·拉塞尔·华莱士

铅笔，180mm×230mm，1848—1852年 P36

圣赫勒拿岛的黄杨木

黄杨木（*Mellissia begonifolia*），大西洋圣赫勒拿岛 P44

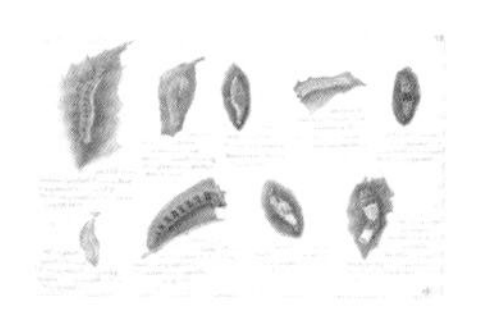

玛格丽特·方丹的笔记本

水彩，224mm×139mm，1926年 P30

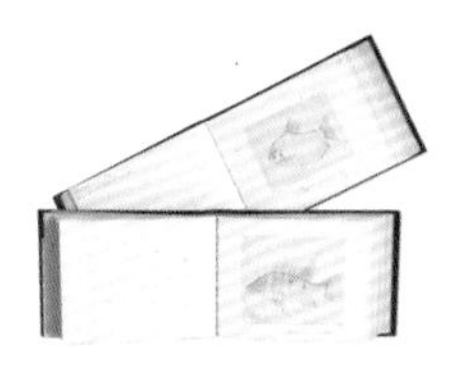

内格罗河的鱼

阿尔弗雷德·拉塞尔·华莱士

铅笔，180mm×230mm，1848—1852年 P37

锡金大黄

锡金大黄（*Rheum nobile*），中国西藏 P45

蓝黄金刚鹦鹉

爱德华·利尔

蓝黄金刚鹦鹉（*Ara ararauna*），手工上色石版画，550mm×370mm，1832年 P31

凯思琳·斯科特的信件

凯思琳·斯科特

墨水写于纸上 3页，227mm×176mm，1913年 P38

来自墨西哥的植物

两性霉草（*Lacandonia schismatica*），墨西哥 P46-47

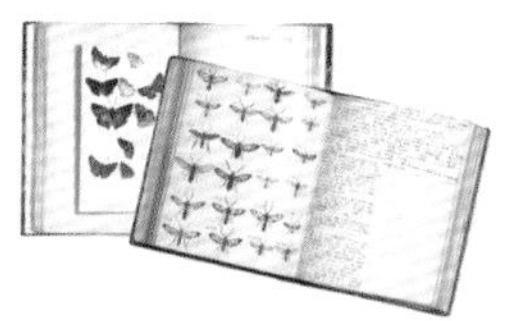

亨利·贝茨的笔记

亨利·沃尔特·贝茨

配插图墨水、铅笔记录的笔记，1851—1859年 P32-33

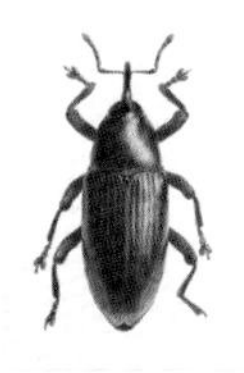

马克·拉塞尔的象鼻虫

马克·拉塞尔

象鼻虫（*Baris cuprirostris*），丙烯酸塑料，360mm×500mm，1998年 P39

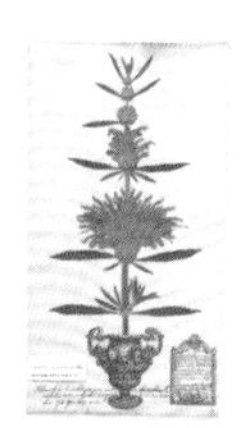

克利福德蜡叶标本集中的狮耳花

狮耳花（*Leonotis leonurus*），纸张规格390mm×210mm，荷兰栽培，18世纪30年代 P48

克利福德蜡叶标本集中的王妃藤

茑萝（*Ipomoea quamoclit*），纸张规格390mm×210mm，荷兰栽培，18世纪30年代 P49

海藻集

各种海藻，纸张规格550mm×760mm，泽西岛 P50-51

巨杉

巨杉（*Sequoiadendron giganteum*），美国加利福尼亚内华达山脉 P52-53

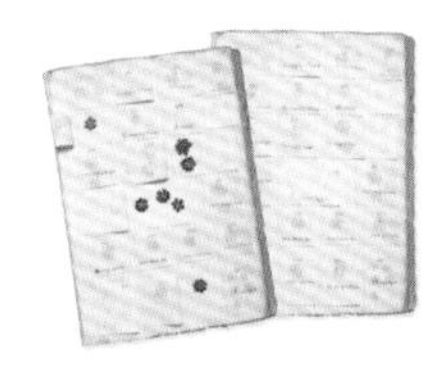
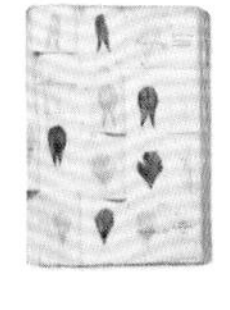

耳状报春花和郁金香

耳状报春花（*Primula auricular*）和郁金香（*Tulipa*），第十四卷压制植物，纸张规格560mm×420mm，18世纪初 P54-55

鞑靼植物羊

金狗毛（*Cibotium barometz*），中国，1698年 P56

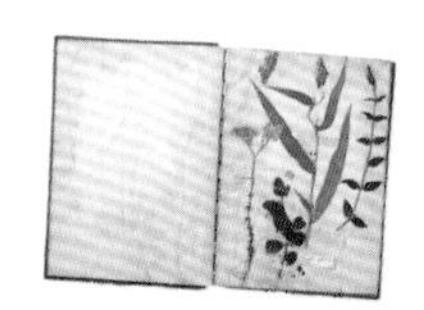

赫尔曼的蜡叶标本集

来自斯里兰卡的压制植物，尺寸530mm×390mm，17世纪70年代 P57

斯隆蜡叶标本集中的可可植物与艺术品

可可（*Theobroma cacao*），尺寸540mm×430mm，艾弗拉德·基克乌斯绘制，标本由斯隆采集于牙买加，1687—1689年 P58-59

罗德西亚人

海德堡人（*Homo heidelbergensis*）或罗德西亚人（*Homo rhodesiensis*），24cm，赞比亚布罗肯希尔（今卡布韦） P63

皮尔当板球棒

41cm，英格兰塞萨克斯 P63

皮尔当下颌骨

13cm，英格兰塞萨克斯 P63

鱼龙头骨

板齿泰曼鱼龙（*Temnodontosaurus platyodon*），长1m，英格兰莱姆里吉斯 P64

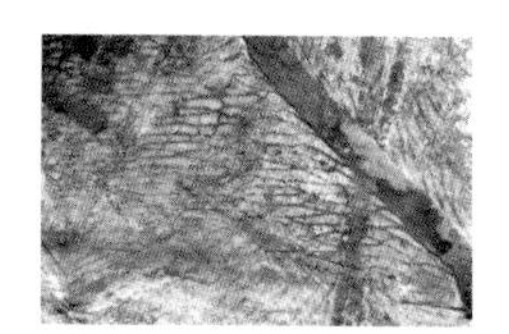

树叶化石

冈瓦纳相舌羊齿（*Glossopterisindica*），视野3cm，南极洲尔德莫尔冰川巴克利岛 P65

木化石

长27cm，南极洲斯特里普冰川 P65

蛋白石化的蜗牛和蛤蜊

蛤蜊长5cm，最大蜗牛2.5cm，南澳大利亚库伯佩迪 P66

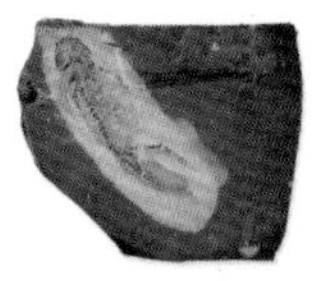

两栖动物幼体

Apateon pedestris，长7cm，德国 P67

惠特比菊石鹦鹉螺

Dactylioceras commune，跨度50mm，英格兰约克郡惠特比 P68

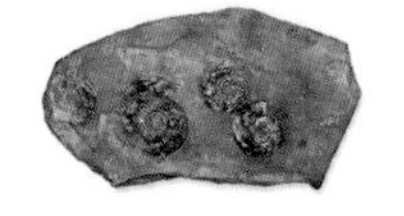

珍珠鹦鹉螺

Psiloceras planorbis，最大跨度55mm，英格兰萨默赛特 P69

海百合

Sagenocrinus expansus，长6cm，英格兰西米德兰兹郡 P70

海百合

Seirocrinus subangularis，高1.3m，德国 P71

禽龙的牙

禽龙属（*Iguanodon* sp.），牙冠4cm，长5cm，英格兰刘易斯 P72

梁龙骨架

梁龙（*Diplodocus*），长26m，美国怀俄明 P72-73

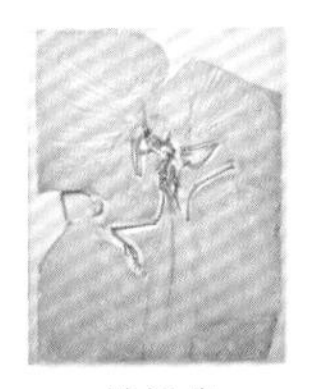

始祖鸟

印石板始祖鸟（*Archaeopteryx lithographica*），翼展60cm，德国南部 P74

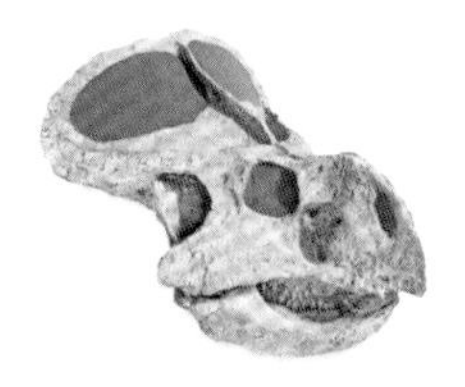

原角龙头骨

原角龙（*Protoceratops*），长50cm，蒙古 P75

三角龙

三角龙（*Triceratops*），长6m，美国蒙大拿州 P76-77

树叶化石

阔叶杨（*Populus latior*），宽11cm，德国厄赫宁根 P78

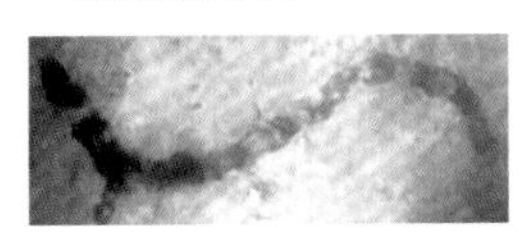

蓝藻（藻青菌）

Primaevifilum amoenum，丝状体厚4μm，西澳西布系沙滩 P79

一罐深海软泥

海底软泥（*Globigerina*），高12.5cm，挑战者号，东南太平洋2600m深 P80

来自挑战者号的标本

盒子规格10cm×27cm×22cm，报告规格33cm×26cm，各种深海部位 P80-81

石化棕榈

Palmoxylon sp.，原木长60cm，北非埃及 P82

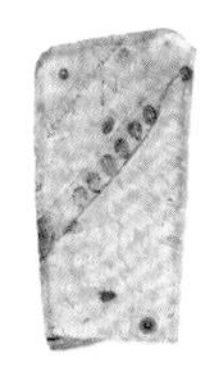

豌豆豆荚

牧豆树（*Prosopis linearifolia*），豆荚长6cm，美国科罗拉多州弗洛里桑特 P83

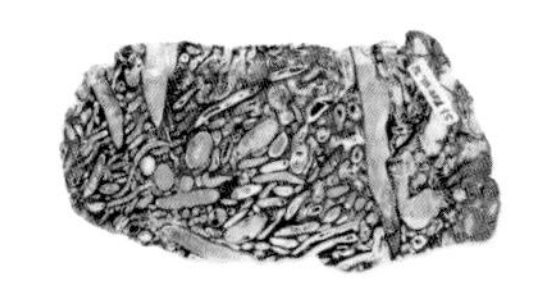

木化石里的船蛆钻孔

船蛆（*Teredo* sp.），交错长度16cm，英格兰肯特郡谢佩岛 P84-85

拖鞋笠贝

Crepidula gregaria，堆高6cm，智利巴塔哥尼亚圣克鲁兹 P85

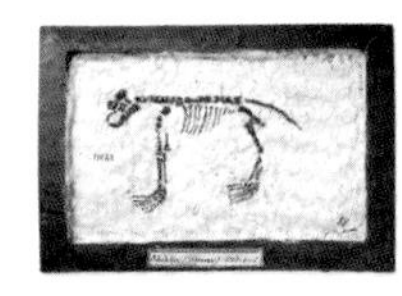

伪造的啮齿动物骨架

P86

神秘的痕迹化石

Dinocochlea ingens，长3m，英格兰东萨塞克斯郡黑斯廷斯 P86-87

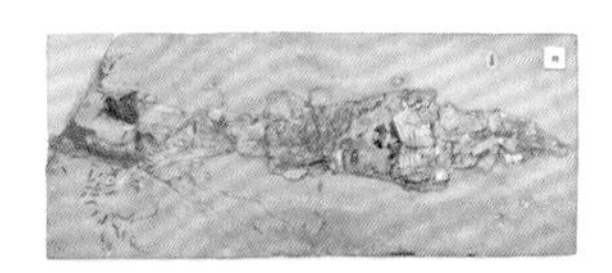

乌贼化石

古箭乌贼（*Belemnotheutis antiquus*），长250mm，英格兰威尔特郡 P88-89

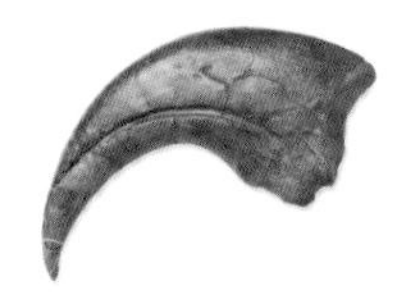

重爪龙之爪

沃克氏重爪龙（*Baryonyx walkeri*），
背侧弧长31mm，英格兰萨里郡　P90

似哺乳爬行动物头骨

犬颌兽（*Cynognathus crateronotus*），长40cm，
南非　P91

平齿鱼

平齿鱼（*Dapedium*），30cm，
英格兰莱姆里吉斯　P92

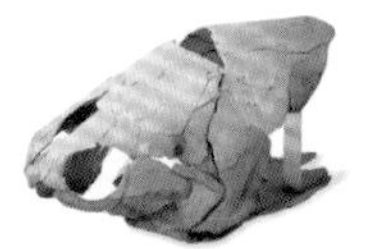

可可鱼

伊斯曼鱼（*Eastmanosteus*），16cm，
澳大利亚可可　P93

披毛犀的牙齿

P94

理查德·欧文画像

P95

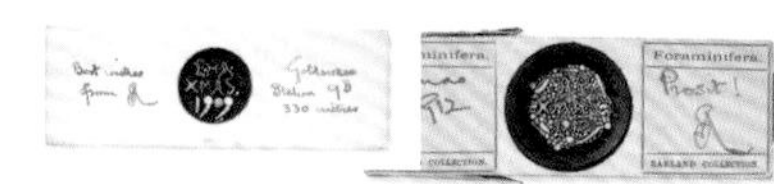

有孔虫显微玻片

多个物种，每片长7.5cm，多个地点　P96

伍德沃德的桌布

边长1m　P97

猛犸象头骨

草原猛犸象（*Mammuthus trogontherii*），
长2.5m，英格兰伊尔福　P98-99

象和侏儒象牙齿

象牙，长40cm，英国克拉克顿
侏儒象牙，长12cm，塞浦路斯

乳齿象下颚

乳齿象（*Mammut americanum*），长75cm，
美国密苏里州　P101

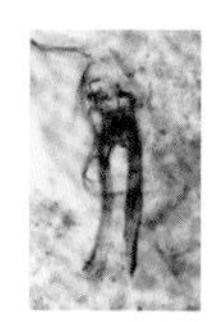

昆虫化石

希尔斯蒂莱尼虫（*Rhyniognatha Hirsti*），
长1毫米，苏格兰阿伯丁郡　P102

波罗的海琥珀中的昆虫

Corydasialis inexpectatus，长2cm
波罗的海东南海岸　P103

雕齿兽

丝状雕齿兽（*Glyptodon　claipes*），长3m
P104-105

最古老的螃蟹化石

Eocarcinus sp.，长3cm，
英格兰格洛斯特郡　P106

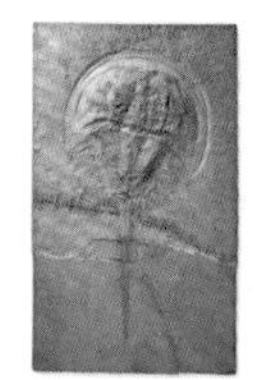

中鲎化石

中鲎（*Mesolimulus*），长40cm，
德国索伦霍芬　P107

三叶虫

Erbenochile erbeni，长4cm，
摩洛哥阿特拉斯山脉　P108

维多利亚时代的三叶虫胸针

Calymene blumenbachii，长8cm，
英格兰西米德兰兹郡　P109

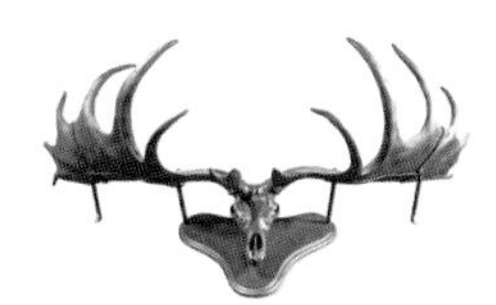

巨大的鹿角

大角鹿（*Megaloceros giganteus*），宽3.5m，
爱尔兰 P110-111

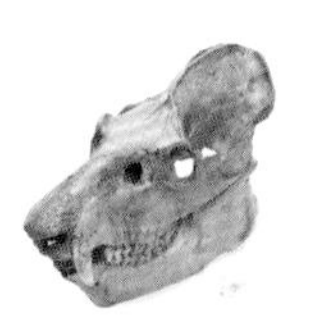

狐猴头骨

巨狐猴（*Megaladapis* sp.），长32cm，小嘴
狐猴头骨，长34mm，马达加斯加 P112

树懒皮

智利 P113

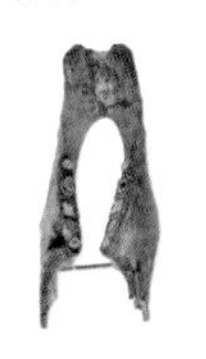

地懒下颚骨

达尔文磨齿兽（*Mylodon darwinii*），
阿根廷 P113

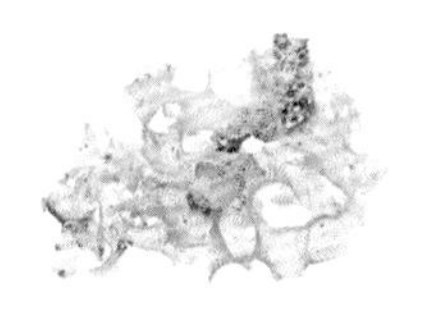

玻璃海绵

海绵（*Calyptrella tenuissima*），30mm×25mm，
德国汉诺威 P114-115

颗石球

Calcidiscus quadriperforatus，颗石藻和颗石球的
混合物，宽0.0016mm，西地中海阿尔沃兰海 P115

外来昆虫

直翅目、半翅目、鞘翅目和膜翅目，
印度尼西亚和马来西亚 P118

金裳凤蝶

红鸟翼凤蝶（*Ornithoptera croesus*），14cm，
马来西亚摩鹿加群岛 P118-119

兰花蜜蜂

兰花蜜蜂亚科，展翅3.5cm，中南美洲 P120-121

会飞的鹿角虫

智利长牙锹甲（*Chiasognathus granti*），8cm，
智利和阿根廷 P122

卢布克爵士的宠物蜂

Polistes biglumis，2cm，
欧洲 P123

黄蜂蜂巢

英国黄蜂（*Vespula vulgaris*），
欧洲 P124-125

鹿角蝇

Phytalmia cervicornis、*P. alcicornis*和*P. biamarta*，1.5cm，新几内亚 P126

眼呈棍状的蝇

Achias rothschildi，宽 3.5cm，新几内亚 P127

“盛装打扮”的人蚤

人蚤（*Pulex irritans*），1cm，墨西哥 P127

角锹甲

考锹甲（*Colophon primosi*），2.5cm，
南非西开普省 P128

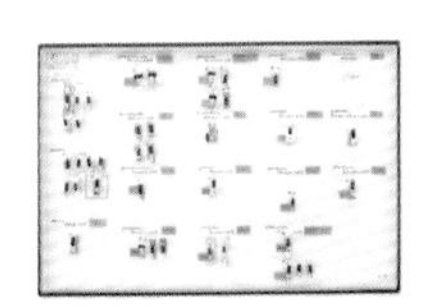

博曼的锹甲收藏

世界范围 P129

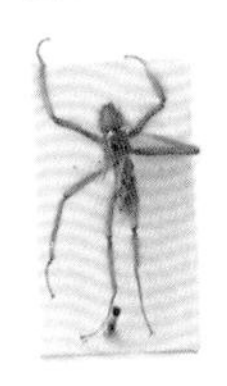

没有翅膀的蝇

Mormotomyia hirsuta，长1cm，
肯尼亚 P130

世上最大的蝇

英雄拟食虫虻（*Gauromydas heros*），
长6cm，巴西　P130

天蛾

长喙天蛾（*xanthopan morganii praedicta*），
舌长30～35cm，马达加斯加　P131

贝德福德-拉塞尔树神

络白帛斑蝶（*Idea tambusisiana*），14cm，
印度尼西亚　P132

角舌步甲

Ceroglossus darwinii，2.5cm，
智利　P133

象鼻虫戒指

象鼻虫（*Tetrasothynus regalis*），戒指1.5cm；
甲虫8mm，西印度　P133

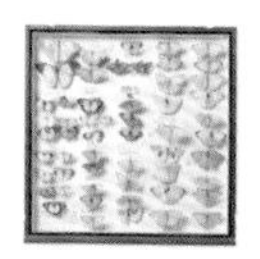

班克斯的昆虫收藏

鳞翅目：*Peridae*，总计4000多只，
来于18世纪的探索发现　P134-135

蜡尾蝉

Alaruasa violacea，蝉长3cm，蜡尾长7.5cm
南非　P136

花生头虫

南美提灯蜡蝉（*Fulgora laternaria*），
翼展14cm，中南美洲　P137

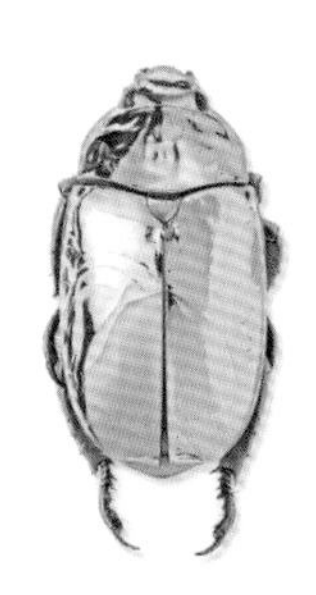

银色金龟子

Chrysina limbata，长2.5cm，
哥斯达黎加　P137

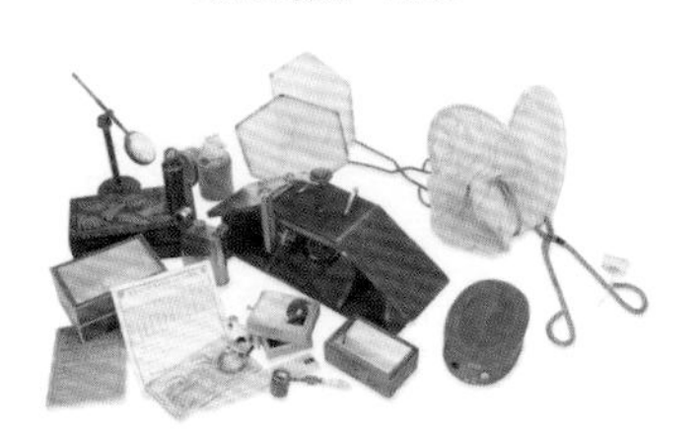

查尔姆斯采集法

有历史意义的昆虫采集设备藏品
P138-139

斯隆的鹦鹉螺贝雕

鹦鹉螺（*Nautilus pompilius*），菲律宾
P142-143

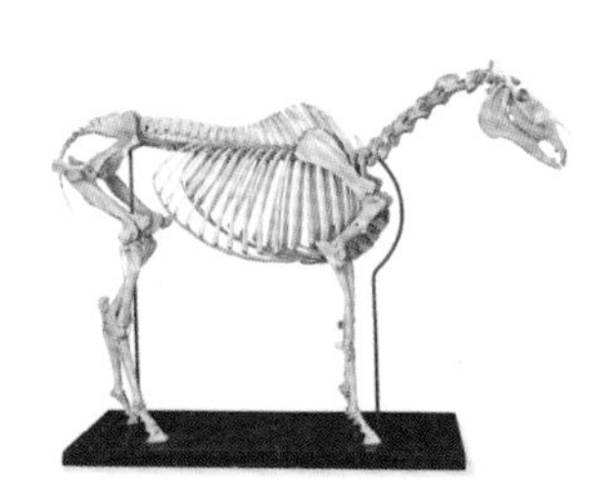

棕色杰克

赛马　P144-145

麦克·米勒

灰狗　P145

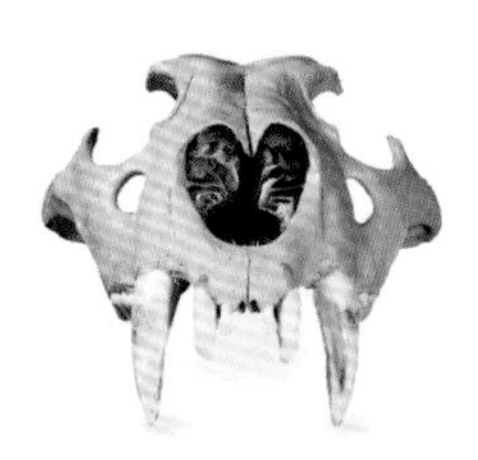

巴巴里狮颅骨

北非西部　P146

好望角狮

南非南端　P147

日本狼

日本本州　P148

象鸟蛋

象鸟（*Aepyornis maximus*）　P149

马里翁的陆龟

亚达伯拉象龟（*Aldabrachelys gigantea*），
壳长97cm，印度洋法夸尔环礁（死于毛里求斯）
P150-151

旅鸽

旅鸽（*Ectopistes migratorius*），
北美东部　P142

北极熊

P153

霍加狓弹带

约翰斯顿霍加狓（*Okapia johnstoni*）
P153-154

塔斯马尼亚虎

袋狼（*Thylacine*）　P154-155

印度水牛角

印度水牛（*Bubalus bubalis*），每只角近2m长
P156

华莱士的红毛猩猩

婆罗洲猩猩（*Pongo pygmaeus*），
婆罗洲　P157

绦虫

裂头绦虫（*Diphyllobothrium Polyrugosum*），
约5m长，康沃尔郡法尔茅斯　P158

泰晤士河的瓶鼻鲸

长6m，2006年1月伦敦泰晤士河
P158-159

六种家鸽

原鸽（*Columba livia*，驯养品种）　P160

“褶边”家鸽

原鸽（*Columba livia*，驯养种类），
胸骨上有达尔文制作的标签　P160

弗雷里安纳岛知更鸟

查尔斯嘲鸫（*Nesomimus trifasciatus*），
加拉帕戈斯群岛弗雷里安纳岛　P161

六种加拉帕戈斯雀

加岛绿莺雀（*Certhidea olivacea*）、
中嘴地雀（*Geospiza fortis*）、
大树雀（*Camarhynchus psittacula*）、
尖嘴地雀（*G. difficilis*）、
爬掌雀（*G. scundens*）和
大地雀（*G. maagnirostris*），
加拉帕戈斯群岛　P161

渡渡鸟复合骨架

渡渡鸟（*Raphus cucullatus*），
毛里求斯　P162

渡渡鸟模型

渡渡鸟（*Raphus cucullatus*），
毛里求斯　P163

鸭嘴兽

鸭嘴兽（*Ornithorhynchus anatinus*），
澳大利亚　P164-165

伪造的小鸮

林斑小鸮（*Heteroglaux blewitti*），
印度中部　P165

帝企鹅蛋

帝企鹅（*Aptenodytes forsteri*），
南极　P166

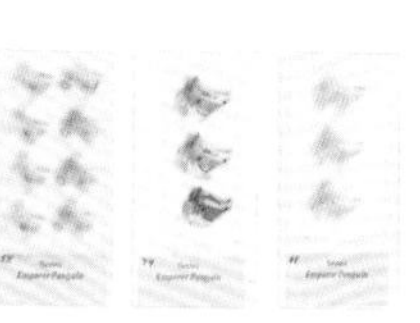

帝企鹅蛋胚胎切片

帝企鹅（*Aptenodytes forsteri*），
南极　P166

帝企鹅

帝企鹅（*Aptenodytes forsteri*），
南极　P167

芋螺和琵琶螺贝壳

奋进号航行采集的芋螺（*Conus*）和琵琶螺（*Ficus*），
采集地点：巴西、塔希提、新西兰和澳大利亚　P168

第一本贝壳书

菲利普·博纳尼，1684年　P169

红斑　螺

五彩蜑螺（*Neritina waigiensis*），
最大17.5mm×19.5mm，西南太平洋　P170-171

新西兰海燕

新西兰海燕（*Oceanites maorianus*，原拉丁名
Pealeornis maoriana），新西兰豪拉基湾　P172

汉密尔顿青蛙

哈氏滑蹠蟾（*Leiopelma hamiltoni*），
雄性，39cm，新西兰史蒂芬岛　P173

手套

用尊贵笔壳的足丝制成，
华贵江珧（*Pinna nobilis*），290.5mm×150mm，
西班牙安达卢西亚　P174

维纳斯骨螺

维纳斯骨螺（*Murex pecten*），152mm×64mm，
印度洋-太平洋海域　P174-175

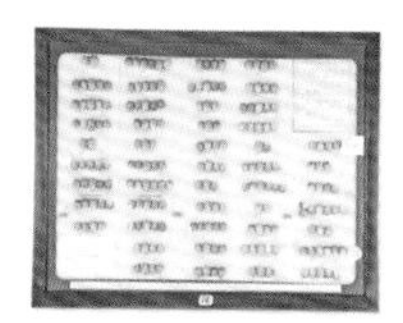

杜鹃和寄主的卵

埃德加·珀西瓦尔·钱斯藏品　P176-177

式根岛海绵

P168

巨乌贼

巨乌贼（*Architeuthis dux*），长8.62m，
马尔维纳斯群岛，近海2km　P168-169

喙头蜥

喙头蜥（*Sphenodon punctatus*），
长50cm，新西兰　P180

中华绒螯蟹

中华绒螯蟹（*Eriocheir sinensis*），
肯特郡克雷河，1854年　P181

中华绒螯蟹的爪或螯

中华绒螯蟹（*Eriocheir sinensis*），长22cm，
肯特郡克雷河，1854年　P181

蜂鸟箱

P182—183

蓝鲸

长27m P184-185

布拉斯格章鱼

原章鱼标本（*Philonexus catenulatus Férussac*）于1828年出售。大约1883年，布拉斯格以地中海和大西洋中的章鱼为模型制作，长19cm P186

布拉斯格乌贼

原乌贼标本（*Onychia platypterad'Orbigny*）于1834年出售。大约1883年，布拉斯格 以印度洋中的乌贼为模型制作，长85mm P187

腔棘鱼

P188-189

大猩猩盖伊

西部大猩猩（*Gorilla gorilla*，西部低地大猩猩），240kg P192

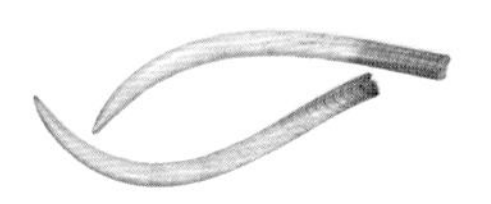

象牙

坦桑尼亚乞力马扎罗山 P191

科摩多巨蜥

科摩多巨蜥（*Varanus komodoensis*），长259cm

印度尼西亚林如岛、科莫多岛附近 P192-193

埃及猫木乃伊

P194

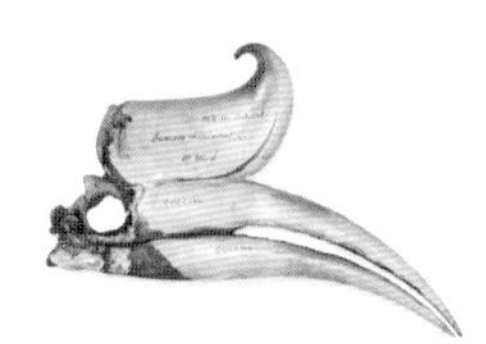

犀鸟头骨

马来犀鸟（*Buceros rhinoceros*），分散于马来半岛、苏门答腊岛、爪哇和婆罗洲 P195

关岛深红摄蜜鸟的鸟巢

深红摄蜜鸟（*Myzomela rubratra saffordi*），关岛 P196

关岛棕额扇尾 和关岛深红摄蜜鸟的蛋

棕额扇尾鹟（*Rhipidura rufifrons uraniae*）和深红摄蜜鸟（*Myzomela cardinalis saffordi*），关岛 P196

大海雀

大海雀（*Pinguinis impennis*），奥克尼群岛帕帕韦斯特雷岛 P197

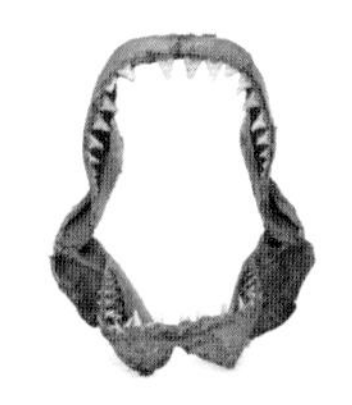

大白鲨颌骨

P198

加勒比海笋

笋螂（*Pholadomya andida*），80mm×41.5mm，英属维尔京群岛 P199

袖珍蜗牛

曲壳蜗牛（*Opisthostoma mirabile*），4mm，婆罗洲哥曼东 P200

大熊猫姬姬

中国西部 P201

蓝宝石饰品

直径35mm，31.5ct，
汉斯·斯隆爵士藏品　P204

蓝宝石纺锤形晶体

30mm×17mm×17mm，87ct，斯里拉卡
P205

蓝宝石卵石

42mm×20mm×23mm，233ct，
斯里拉卡　P205

蓝宝石佛像别针

佛像长20mm，缅甸，
1842年　P205

巴特帕拉德石

18mm×18mm×16mm，57ct，斯里兰卡，
1967年　P206

星光蓝宝石

25mm×18mm×15mm，88ct，斯里兰卡，
1835年　P207

黄蓝宝石

30mm×20mm×12mm，101ct，
斯里兰卡　P207

大理石里的天然红宝石

60mm×45mm，缅甸，1973年
P208

爱德华红宝石

34mm×25mm×10mm，162ct，
1887年　P209

天然红宝石晶体

71mm×42mm×21mm，1085ct，
缅甸，1924年　P209

伊米拉克陨石

石铁陨石（橄榄陨铁），550mm×450mm×9mm，
智利阿塔卡马沙漠，1822年　P210

纳科拉陨石

65mm×65mm×70mm，埃及阿布胡姆斯，
1911年　P211

海蓝宝石

48mm×65mm，898ct，俄罗斯
P212

红绿宝石

45mm×45mm，598ct，马达加斯加岛，
1913年　P212

金绿柱石

33mm×20mm，133ct，
俄罗斯，1960年　P213

祖母绿

80mm×63mm，哥伦比亚，
1810年　P213

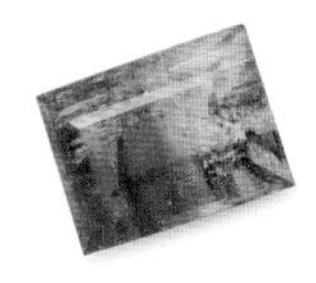

西瓜碧玺

27mm×19mm，巴西东南部米纳斯-
吉拉斯，1935年　P214

橄榄石晶体和宝石

晶体：60mm×50mm×20mm，686ct
宝石：24mm×24mm，146ct
红海宰拜尔杰德　P215

废墟大理岩

270mm×110mm×10mm，
意大利托斯卡纳　P216

萤石花瓶

高1m，英格兰德比郡　P217

钻石花形胸针

55mm×40mm，1850年
P218

钻石和蓝宝石饰品

镶嵌于金银府托内，
长38mm，19世纪晚期，
西欧　P218-219

钻石蝴蝶发夹

发夹对经43mm，西欧，
1830—1840年　P219

“光之山”复制品

切割前与切割后
P220

光之山石膏型铸

70mm×55mm×44mm，
1851年　P220

卵石中的钻石

55mm×55mm×40mm，
印度戈尔康达，1923年　P221

钻石晶体

40mm×37mm×40mm，
南非金伯利　P221

钻石晶体

70mm×42mm×40mm，
南非金伯利　P221

蛋白石黄金项链

镶嵌的宝石对径15mm，
1958年　P222-223

带有蛋白石的原石

55mm×35mm×25mm，
澳大利亚昆士兰　P223

黑蛋白石

40mm×40mm×8mm，131ct，
澳大利亚新南威尔士州，1949年　P224

被诅咒的紫水晶

长80mm　P225

钼铅矿晶体

250mm×250mm×100mm，
美国亚利桑那州　P226

黄玉

85mm×65mm，2982ct，
巴西东南部米纳斯-吉拉斯，
1865年　P227

皇家黄玉晶体

110mm×30mm×20mm，
巴西东南部米纳斯-吉拉斯，
1883年　P227

皇家黄玉宝石
23mm×21mm，96ct，
巴西东南部米纳斯-吉拉斯，1889年　P227

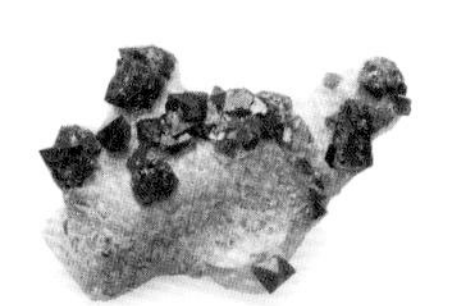

尖晶石晶体
140mm×100mm×100mm，
越南陆安，2007年　P228

尖晶石
50mm×50mm×20mm，
519ct，缅甸，1862年　P228

拉特罗布块金
120mm×60mm×35mm，
澳大利亚维多利亚州，1853年　P229

铂金矿块
80mm×50mm×40mm，
俄罗斯乌拉尔山　P230

翡翠
对经长度超过1m，527kg，
西伯利亚南部伊尔库茨克　P230-231

默奇森的鼻烟盒
88mm×62mm×20mm，
1867年　P232

霍普金绿宝石
22mm×20mm，45ct，
巴西，1866年　P234

紫翠玉晶体
90mm×120mm×100mm，
俄罗斯中部乌拉尔山，
1841年　P235

紫翠玉裸石
15mm×15mm，27ct，
斯里兰卡，1873年　P235

惠灵顿榆木柜
122mm×76mm×47cm　P236

测角仪
高300mm，1892年　P236-237

银丝
长150mm（弯曲），挪威比斯克鲁德，
1886年　P238

铜块
200mm×110mm×70mm，3kg，
加拿大西北地区，1771年
P239

索 引

图书在版编目（CIP）数据

博物学家的传世珍宝——来自伦敦自然博物馆的自然藏品集/伦敦自然博物馆编著；常箴等译. —北京：化学工业出版社，2017.8(2019.10重印)
书名原文：Treasures of the Natural History Museum
ISBN 978-7-122-29643-6

Ⅰ. ①博… Ⅱ. ①伦… ②常… Ⅲ. ①自然博物馆-陈列品-伦敦 Ⅳ. ①N285.61
中国版本图书馆CIP数据核字（2017）第081170号

北京市版权局著作权合同登记号：01-2016-4285

责任编辑：宋 娟 李 娜　　装帧设计：尹琳琳
责任校对：宋 夏

出版发行：化学工业出版社（北京市东城区青年湖南街13号 邮政编码100011）
印　　装：北京东方宝隆印刷有限公司
787mm×1092mm 1/16 印张16.5 字数200千字 2019年10月北京第1版第3次印刷

购书咨询：010-64518888　　售后服务：010-64518899
网　　址：http://www.cip.com.cn
凡购买本书，如有缺损质量问题，本社销售中心负责调换。

定　　价：98.00元

译者名单

简介、图书馆	孙锦甜
植物	丁巧玲
古生物	孟溪
昆虫	王梅
动物	常箴
矿物	许志斌